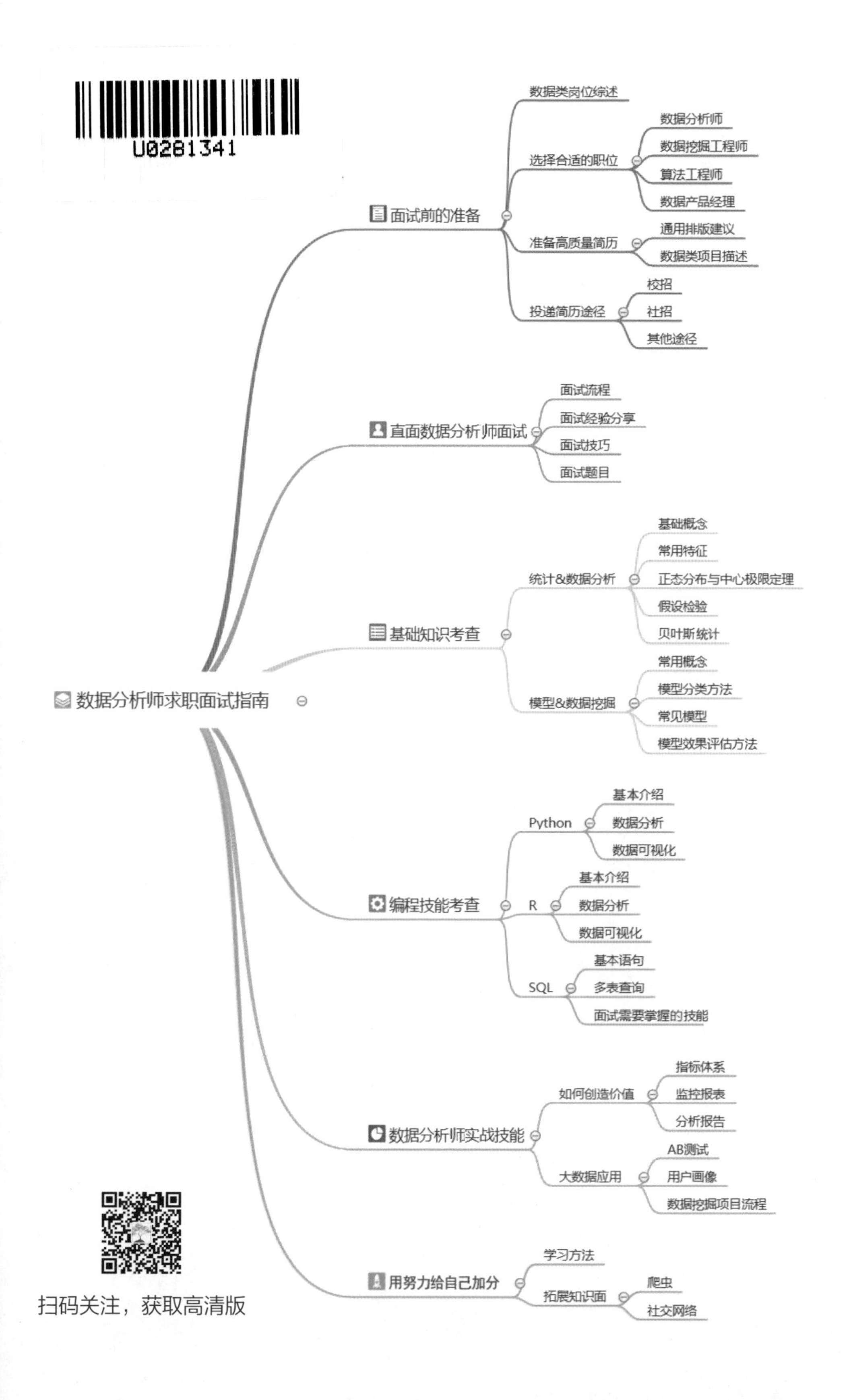
U0281341
数据分析师求职面试指南
面试前的准备
数据类岗位综述
选择合适的职位
数据分析师
数据挖掘工程师
算法工程师
数据产品经理
准备高质量简历
通用排版建议
数据类项目描述
投递简历途径
校招
社招
其他途径
直面数据分析师面试
面试流程
面试经验分享
面试技巧
面试题目
基础知识考查
统计&数据分析
基础概念
常用特征
正态分布与中心极限定理
假设检验
贝叶斯统计
模型&数据挖掘
常用概念
模型分类方法
常见模型
模型效果评估方法
编程技能考查
Python
基本介绍
数据分析
数据可视化
R
基本介绍
数据分析
数据可视化
SQL
基本语句
多表查询
面试需要掌握的技能
数据分析师实战技能
如何创造价值
指标体系
监控报表
分析报告
大数据应用
AB测试
用户画像
数据挖掘项目流程
用努力给自己加分
学习方法
拓展知识面
爬虫
社交网络
扫码关注，获取高清版

拿下Offer
数据分析师求职面试指南

徐麟 著

電子工業出版社
Publishing House of Electronics Industry
北京•BEIJING

内容简介

本书针对未来想要从事数据分析工作的在校学生、想要转行做数据分析的在职人员，以及想要在数据分析领域提高自己或跳槽的从业人员，深入浅出地讲解了面试和未来实际工作中所需的知识与技能，让读者对数据分析师这个岗位有更为全面和深刻的了解。

全书主要分为面试前的准备、面试中的技巧、面试中所需的知识储备、编程技能、实战技能，以及进一步学习提高的方法几部分，内容涵盖数据分析师面试的全流程，全方位提高读者在未来面试中的竞争力。

图书在版编目（CIP）数据

拿下 Offer：数据分析师求职面试指南 / 徐麟著 .—北京：电子工业出版社，2020.7
ISBN 978-7-121-38925-2

Ⅰ . ①拿…　Ⅱ . ①徐…　Ⅲ . ①数据处理 – 指南　Ⅳ . ① TP274-62

中国版本图书馆 CIP 数据核字（2020）第 052722 号

责任编辑：张慧敏
印　　刷：北京市大天乐投资管理有限公司
装　　订：北京市大天乐投资管理有限公司
出版发行：电子工业出版社
　　　　　北京市海淀区万寿路 173 信箱　邮编：100036
开　　本：700 × 1000　1/16　印张：13.25　字数：279 千字　彩插：1
版　　次：2020 年 7 月第 1 版
印　　次：2022 年 1 月第 4 次印刷
定　　价：69.00 元

凡所购买电子工业出版社图书有缺损问题，请向购买书店调换。若书店售缺，请与本社发行部联系，联系及邮购电话：（010）88254888，88258888。

质量投诉请发邮件至 zlts@phei.com.cn，盗版侵权举报请发邮件至 dbqq@phei.com.cn。

本书咨询联系方式：010-51260888-819，faq@phei.com.cn。

推 荐 语

（按姓氏拼音排序）

作为一个曾经参加过各大厂数据分析岗位面试的数据人，当看到徐麟老师这本书的时候，心中有强烈的认同感。记得当时我面试时，也是从简历、业务方法论、统计学、机器学习、SQL、Hive、Python 这几个部分来准备的。本书内容基本涵盖了数据分析师岗位主要考查的知识点，上下贯通，并且通过一问一答的方式展开更有利于读者纳入自己的思考和见解。本书是作者多年学习沉淀的总结，必属精品，不可多得。

爱德宝器，京东前数据分析师，“数据管道”公众号负责人

我们正处于大数据时代，无论是 C 端风口上的增长黑客、大数据风控，还是 B 端反复提及的产业数字化升级，无疑都要求从业者具备更多数据驱动的决策能力。对于数据分析师这个岗位，目前市面上还没有一本书系统化整理过求职面试过程中的知识点和框架。本书作者徐麟，既具有丰富的互联网大厂的实战经验，又在公众号运营期间搜集了许多面试者的切身痛点，本书定能帮助更多的对数据分析感兴趣的读者步入正轨。

蔡主希，滴滴出行数据风控模型专家，北京大数据研究院金融研究员

回想自己当年求职的坎坷，真的很希望当时能有这样一本书，为我指点迷津。虽然相见恨晚，但却为当下及未来想入行数据分析的伙伴们高兴。徐麟凭借多年的大厂工作经验，详细介绍了实战中的数据分析“技能树”，且精确定位“求职”环节，使我们能最大化学习效率，是难得的一本好书。

胡晨川，《数据化运营速成手册》作者，“老树之见”公众号负责人

徐麟是国内互联网数据分析行业难得一遇的专家，在定量分析、数据可视化、爬虫、数据驱动业务增长方面都有独到、深刻的见解。因此，本书是数据分析工作者入行前必读的“红宝书”。从数据分析日常工作解构到定量方法概览，本书全面涵盖了数据分析师入行一两年必须掌握的知识。

胡淏，知乎数据科学家

本书内容翔实、编排得当，覆盖了数据分析师求职过程中的点点滴滴，包括面试前的岗位认知、简历编排和简历投递渠道，面试的流程、经验、技巧和题目展示，以及应聘者应该掌握的知识和具备的技能，如基础的统计分析和建模知识、扎实的编程技能、强大的分析实战能力等。本书中的案例足够体现作者的功力，实在是一本难得的佳作。

刘顺祥，饿了么资深商业分析师，“数据分析 1480”公众号负责人，
《从零开始学 Python 数据分析与挖掘》作者

在大数据和人工智能的浪潮下，企业对数据分析师的需求与日俱增，要求也越来越高。本书犹如一本行动指南，将数据分析师面试与工作内容紧密结合，理论与实战兼顾。从数据到算法、从业务到创新，帮助读者打造一专多能的数据分析技能树，对想要从事数据分析工作的人员而言是一份不可多得的资料。

李翔，一线 AI 老兵，携程酒店前图像算法负责人

互联网从来不缺乏创意，真正缺乏的是把创意转化成细节的能力。从这一点来看，徐麟是一个实干家，在数据分析方面他不仅有巧夺天工的想法，更可贵的是能将想法落地。另外，徐麟也是我做数据分析工作的领路人。我一直相信，起点并不重要，重要的是你想成为怎样的人，相信本书一定会对对数据分析感兴趣的读者有所帮助。

刘阳，京东高级数据分析师

与其说这是一本求职面试指南，还不如说这是一本系统性描述数据分析师的知识技能框架的宝典，让很多新人能够快速了解从事数据分析工作需要具备的软硬技能并做好充分准备，从整体出发分解到面到线到点，少走弯路就是捷径。

梁勇，“Python 爱好者社区”公众号负责人

本书从行业和岗位的核心要素讲起，帮助读者建立起全局的认识，以不变应万变来准备面试。此外，本书还详细地讲解了应聘数据分析相关岗位应该具备的核心技能，以及需要掌握的知识点，是一本难得的数据分析师面试“百科全书”。

梁臻，某互联网公司高级数据分析师

在腾讯内部贴吧有同事曾提出一个热门问题：2020 年你最想学的技术是什么？其中不少人的回答是“Python 和数据分析”。见微知著，未来掌握这两种技能的人在职场上将会拥有核心竞争力。如果想学习这部分知识，我会向你推荐徐老师的这本书。

苏克，就职于腾讯，“高级农民工”公众号负责人

数据分析是一个蓬勃向上的工作领域，其相关岗位竞争日趋激烈。令人唏嘘的是，当前市场上讲数据分析的书不少，但真正介绍如何求职面试以及快速入行的书凤毛麟角。徐麟的这本书贴近数据分析工作的实际场景和需求，同时以面试官和面试者的双重视角将求职面试中的知识、技能、素质等方面的要求娓娓道来，并融入自己多年的宝贵经验，知识全面且通俗易懂，是一本不可多得的好书！推荐想要快速进入数据分析岗位的人士阅读。

宋天龙（TonySong），触脉咨询合伙人兼副总裁，
《Python 数据分析与数据化运营》作者

本书是徐老师结合自己在数据分析领域工作多年的丰富经验而写成的，非常适合想投身于数据分析领域的朋友们阅读。本书全方位讲解了面试数据分析师要做的准备工作，不仅有面试技巧，还有面试中经常会考查的知识点、技能点，可以说是准备数据分析师面试的必备宝典。

沈仲强，“Python 与数据分析”公众号负责人，
ebay 资深程序员，Python 讲师

本书系统化讲解了数据分析类岗位的面试经验和技巧，阅读后的第一感想就是：不谋而合。因为这些年我对互联网行业求职有些感触，一直想整理一些面试相关资料。同时也为我，一个软件工程师，拓宽了数据分析类岗位面试知识。本书虽然定位数据分析类岗位，但是对于互联网行业求职通用性却非常显著。这里提几条个人觉得读者必看的亮点：一是高质量简历；二是完备的能力储备；三是面试流程 + 真实面试经历分享 + 面试技巧。不打无准备之仗。相较于网上参差不齐的“面经”，本书拿出十足的诚意，让面试新手们获得真材实料的面试心经。本书对于想从事数据分析工作的朋友们助益良多，宜善读之！

谭金，谷歌软件工程师，微软前软件工程师

这是一本操作性强、非常真诚有效的工具书。本书并没有大量背景和术语罗列，而是像一位有经验的从业者，在面对面向你推心置腹地分享自己的经验教训。本书逻辑清晰、结构整齐，在阅读过程中，你可以感受到作者作为一名数据分析师，其思考模式和叙述方式的“工程师化”——要点罗列 + 小标题，有种读学霸笔记的舒爽感；开篇配备了全书逻辑导图，每一章节后又配置了总结图，简单明了。紧跟现实，书中提到的各种职位和案例非常新。作为一名科技媒体主编，我可以在这本书中找到一些最近几个月热议的话题和职位，如果你正在考虑转行做数据分析，并且希望短时间内“补课”面试知识点，那么它非常适合你。

魏子敏，“大数据文摘”主编

2018 年 Python 火了，2019 年大数据火了，2020 年数据分析会延续这波风口。本书除了能帮助你面试并通过 BAT、ATM 等大厂，而且从本书的面试点中你也可以了解到数据分析师所需要的技能。错过了 DevOps 和大数据，别在 2020 年再错过数据分析的风口了。即将参加面试的你、想要学习数据分析的你，还不赶紧阅读本书。

杨庆麟，数据中台创业者，“Python 专栏”公众号负责人，
MongoDB 国内核心成员，“红色警戒：复兴”联合创始人

了解一个岗位最好的方式就是去看这个岗位的招聘要求，若想进一步了解，就去面试，去和面试官进行交流。而面试一般都有相对比较固定的知识点（考点），本书可以告诉你常规的数据分析面试会有哪些考点，值得一读。

张俊红，《对比 Excel，轻松学习 Python 数据分析》作者

推　荐　序

作为资深数据科学从业人员和数据爱好者，我一直有个愿望是能够借助数据来驱动商业发展，而我也一直在践行这样的使命。我尝试了各种数据相关角色，从最早的统计研究员角色开始，到数据分析师再到算法工程师，从小数据玩到大数据，从业务领域转向技术领域，从数据收集转向数据应用，各方面都涉猎，见证了互联网行业快速发展的十年，见证了互联网时代从 1.0 到 2.0 的跃迁，从粗放式管理到精细化数据驱动的转变，从抢流量时代到存量经营的时代。而这其中，我认为数据分析师的角色和定位非常重要。一名优秀的数据分析师既是营销专家又是技术专家，其作为业务、技术和商业之间的桥梁，为个人、部门、公司提供决策支持分析，不仅仅提供策略分析，还提供落地方案，甚至包含执行，所以这个岗位的重要性不言而喻。

和徐麟结缘是在携程，他从哥伦比亚大学毕业后，以数据科学家的岗位进到我的算法小组，我们一起共事了不短的时间，之后他在数据分析领域不断地深耕打磨。当时见到他的第一感觉是这个小伙子很聪明，肯定能够成为团队中非常重要的一份子，后期的项目实战也证明了这一点。归功于他在研究生期间的数据科学方面的知识积累和他个人勤奋好学，我很快就把其中一个重要项目交给他负责，他不负众望，出色地完成了项目，此项目获得了公司优秀项目。逐渐地，我安排他负责更多重要的项目，他的工作能力非常出色。回过头来看，这些优秀项目体现出他作为一名数据分析师的造诣和功力，兼顾“技术能力”和“业务理解”，覆盖了算法和数据分析方面的工作，帮助业务取得了很好的产出。借助于这些项目的实践经验和总结，他逐渐成长为一名数据分析领域的专家，持续地赋能业务，产生了业务价值。他对于数据分析有非常全面的见解，他知道公司需要什么样的数据分析师，他也知道数据分析师需要什么样的技能。《拿下 Offer：数据分析师求职面试指南》这本书是他亲身实践的经验总结，有很大的参考意义。

徐麟在工作中给我留下印象最深的就是“动脑子”和学习能力很强，一方面体现在他对新技术、新业务的学习速度上，另一方面体现在他善于总结和态度认真上，即使是一些看似简单的工作，他也会认真对待，从中总结出一些经验。相较于那些工作十年以上的数据分析师，徐麟还算“年轻”，但也正是因为“年轻”，让他更容易理解新人的需求，帮助他们明确在面试前需要掌握的内容，并且通过自己的工作经历帮助他们掌握一些理论知识，了解实际的应用，更好地贴近工作的要求，从而顺利通过面试。

这本书对于数据分析方面的新人来说，是一本不错的入门书和技能参考书，内容包含了数据分析师面试要准备的基础知识、编程技能，同时也介绍了面试时的一些技巧。作为一个有着多年经验的面试官，会碰到很多滔滔不绝地一直讲，看似胸有成竹的候选人，但是当问到一些问题时，能够明显地感到其基础知识不扎实，这样的候选人肯定不会得到面试官的青睐。另外，也有些候选人知识储备很充足，但是缺乏一些基本的面试技巧。这本书就可以很好地解决候选人面试时的两个“痛点”，既可以帮助其夯实基础知识，又可以让其掌握一些面试技巧。

希望广大读者都能通过这本书有所收获，对数据分析师这一岗位有更深一步的理解，也能借助于这本书提供的知识、技能和技巧找到心仪的工作。祝愿徐麟未来能够不断积累，为大家带来更多实用的书籍。

潘鹏举

平安银行 AI 算法团队负责人 & 数据科学家

前　言

数据分析师是一个在公司中很早就存在的岗位，在公司的日常运营、决策过程中起到了不可或缺的作用。有人将数据称为公司发展的“眼睛”，而数据分析师就是这双“眼睛”的主人，好的数据分析师会为公司的发展指引正确的方向。

同时，随着大数据技术和互联网行业的蓬勃发展，数据分析师接触到的数据和应用的技术也在不断增加，这不仅为数据分析师提供了更大的发展空间，而且也对数据分析师提出了更高的要求。

传统的数据分析师的工作重心更多地体现在输出报表、提供分析报告等工作上，基于目前的发展趋势，数据分析师一方面需要强化这部分的技能，另一方面需要不断地学习和提高，掌握新技术，如数据挖掘、数据可视化知识以及 R、Python、SQL 等编程语言。以上提到的知识和技能会在面试中得到集中的体现，只有掌握了它们，才能在面试中脱颖而出。

本书紧贴当今发展趋势，针对工作中对数据分析师提出的要求，为大家梳理了在面试和工作中所需掌握的知识和技能。本书基于“结果导向”“从实战出发”的思路，内容紧密结合面试和工作中的实战案例，让读者在学习过程中了解面试的真实场景和未来工作中的一些内容，而不是仅仅停留在理论学习的阶段。

无论是正在就读、未来想要从事数据分析工作的学生，还是想要转行做数据分析的人员，都可以通过本书对数据分析师这个岗位有清晰的了解，明确要求，针对未来的面试进行更加有针对性的准备。同时，目前正在从事数据分析行业的人员，也可以通过本书进行“查漏补缺”，提高自己的工作技能，为未来“跳槽”面试做好充分的准备。

全书共分为 6 章，从面试的知识储备、编程技能、实战技能等多个方面剖析了目前数据分析师面试中的各项要求和相应的应对方法。

- 第 1 章主要讲解面试前的准备，基于“结果导向”的思路，通过公司招聘时的岗位要求，让读者对数据分析师的面试要求有一个清晰的认识，明确需要准备和提高的方向。

- 第 2 章通过真实的面试案例让读者了解面试的整体流程和面试技巧，同时提供一些真实的面试题目。

- 第 3 章介绍的基础知识包含了面试所需具备的概率论、数理统计、数据挖掘、模型等知识，内容紧贴实战，讲解深入浅出，让读者快速理解这部分知识。

- 第 4 章分别对 R、Python、SQL 进行讲解，结合数据分析师工作中的实际内容，突出了在编程语言中数据分析师所需重点掌握的部分。

- 第 5 章介绍的实战技能包含了两大方面，一是数据分析师需要掌握的“传统”技能，如生成报表、分析报告等，其中引入了一些新的思考，相信会对读者有一定的启发；二是针对互联网行业的发展，介绍数据分析师需要掌握的新技能，如 AB 测试、用户画像等。

- 第 6 章作为全书内容的补充，主要介绍一些学习和提高的方法，同时通过一些案例引导读者不断拓展自己的知识面，丰富自身的技能。

特别感谢在本书编写过程中一直跟进的策划编辑张慧敏老师，慧敏老师为本书的框架搭建、结构优化提供了宝贵的建议，还提供了许多提高全书可读性的方法。衷心感谢葛娜老师在文字编辑过程中给到的细致入微的建议，让本书在阅读流畅性方面有了极大的提高。感谢在本书创作过程中给到非常好的建议的朋友们，其中有数据管道公众号号主宝哥以及刘阳、张洁、蔡主希几位数据分析资深从业人员。最后特别感谢为本书写“推荐序”的潘鹏举老师，也是我从事数据行业的引路人，非常幸运能遇到潘老师这样的良师益友。

目录

第 1 章 面试前的准备

1.1 都有哪些数据类岗位

若想在数据分析师的面试中取得成功，获得心仪的 Offer，有一项准备工作是必须要做的，就是了解数据类岗位的常见分类及相关要求，正所谓“知己知彼，百战不殆”。

随着大数据技术的发展，数据在公司的日常运营和决策中起到了愈发重要的作用。相应地，对数据类岗位从业人员有了更高的要求，对数据类岗位也有了更加丰富的分工，如分为数据分析师、数据挖掘工程师、数据产品经理、算法工程师、数据仓库工程师等。

通过这一部分的讲解，希望大家能够明确自己的目标，以及未来的发展方向。如图 1–1 所示的是某招聘网站的数据类岗位的列表。

不限	后端开发	数据
高级管理	移动开发	ETL工程师
技术	测试	数据仓库
产品	运维/技术支持	数据开发
设计	数据	数据挖掘
运营	项目管理	数据分析师

图 1–1

可以看到，招聘网站上的数据类岗位名目繁多。实际上，很多候选人已经具备了入职数据类岗位的能力和背景，但非常遗憾的是，有些候选人在进行第一步岗位选择时就出现了错误。

如果去面试一些跟自身条件并不吻合的岗位，不仅不会面试成功，而且也会导致与适合自己的机会擦肩而过。所以，在投递简历和进行准备前，首先要做的就是了解数据类各个岗位的职责划分和相应要求。

各个公司中的数据类岗位分类，往往因为其规模、组织架构的不同而有所区别。下面总结了比较通用的数据类岗位分类，在实际求职的过程中可以将其作为参考，结合公司的具体要求，考虑面试的方向以及未来工作的主要内容。

常见的数据类岗位可以分为算法工程师、数据挖掘工程师、数据分析师、数据产品经理和数据仓库工程师，如图 1-2 所示。

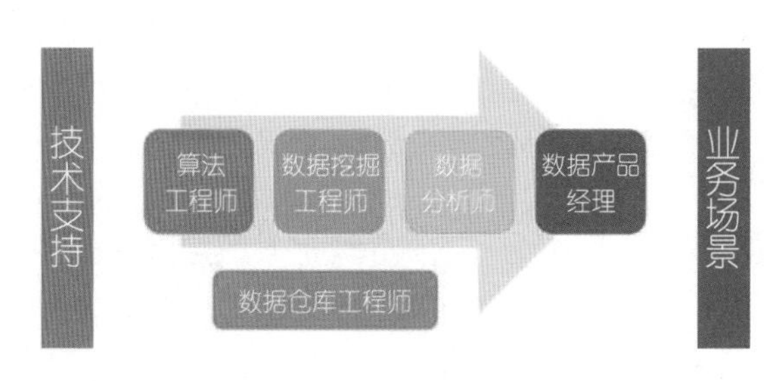

图 1-2

数据类岗位的工作职责可以分为技术支持和业务落地两部分。根据这两部分工作比重的不同会对候选人有相应的要求，在选择岗位前，候选人可以评估自己的背景和兴趣，选择更加适合自己的工作，以此为目标进行相关准备。

首先介绍对专业性要求比较高的两个岗位：算法工程师和数据产品经理。这两个岗位分别将主要精力投入在技术支持和业务落地上，对候选人的专业性有比较高的要求，在面试时也会围绕专业性展开。

通常，算法工程师需要候选人具备算法基础和强大的编程能力，其工作会聚焦于大数据框架的搭建、算法模型的优化创新以及模型的部署上线，对其技术背景要求非常高。算法工程师面试的问题大都是技术类问题，并且通常要求候选人同时具备开发工程师的能力，因此很多有计算机背景的候选人都会选择成为算法工程师。

也有一些算法工程师的主要工作会聚焦于算法模型的探索创新，这就对候选人的数学、统计学、机器学习、深度学习等技术背景有非常高的要求，阿里巴巴达摩院、百度研究院等研究机构对这部分人有非常大的需求。他们基本上处于整个金字塔的塔尖，如果你有志于成为这样的人，则需要比较早地做好相应的准备，因为竞争非常激烈。

数据产品经理则更多地以业务为导向，其工作职责与其他产品经理类似，但是在工作内容上与数据有更高的关联度，如数据看板、数据监控体系的设计等，面试时更多地考查候选人对业务的理解和敏感度，需要候选人具有一定的产品思维。

对于数据产品经理，很多人存在误区，认为数据产品经理的门槛比较低。实际上，一个好的数据产品经理一定既具有良好的数据分析逻辑思维，又具有敏锐的产品思维，这样才能真正有效地解决业务场景中的相关问题。很多数据类岗位从业者认为不需要学习就可以转岗到数据产品经理，实际上并不是那么容易的，对产品思维的培养也是一个系统化且专业化的过程。

相比于算法工程师和数据产品经理这两个岗位，数据挖掘工程师和数据分析师则需要候选人具备比较强的综合能力，其工作要兼顾技术支持和业务落地。数据挖掘工程师的工作内容更加偏重于技术支持，而数据分析师的工作内容则更加偏重于业务落地。

数据挖掘工程师和数据分析师需要更多地考虑技术和业务的有效融合。这两个岗位的在职人员往往会占有较大的比例，而且现在越来越多的公司需要同时具备这两种能力的人员。给大家看一个真实的招聘要求，如图 1–3 所示。

高级数据分析师 18-30K

上海 · 3-5年 · 本科

定期体检 带薪年假 免费班车 餐补 交通补助 节日福利 零食下午茶

微信扫码分享 感兴趣 举报

职位描述

岗位职责：

1. 需求分析：理解核心业务目标与产品架构，系统和分层地理解产品数据含义，对影响用户体验和性能的形成量化指标。

2. 数据服务：构建模型，驱动数据化运营，挖掘数据规律，合理利用公司数据平台，设计并实现所需的数据服务架构。

3. 分析报告：整理、提炼已有的数据报告，发现数据变化，进行深度分析，快速、智能地形成结论。

任职资格：

1. 精通1种以上统计分析工具软件，如SPSS、R，熟练使用Python和SQL工具。

2. 有扎实的分析理论基础，精通常见的数据分析模型的使用场景、参数调整方法。

3. 熟悉数据仓库技术，有BI和数据挖掘背景者优先。

4. 有数据分析/数据挖掘的项目实践经验。

5. 熟悉Hadoop集群架构、Hive、Spark等，有BI实践经验。

6. 有数据化运营、数据产品、数据挖掘、互联网产品设计工作经验。

图 1–3

上图是从某公司的招聘页面截取的，可以看到在数据分析师的招聘要求中，明确指出了数据分析师需要同时具备数据分析和数据挖掘的能力，并且需要掌握Python、SQL、R等编程工具。作者经常会被问到“数据分析师是否需要了解一些模型”或者“数据挖掘工程师是否需要了解比较多的业务知识”，这里可以明确地给出肯定的回答。

虽然有些候选人有一定的工作经验，但是他们对数据分析师这个岗位的理解仍然还停留在主要完成报表和分析报告的阶段。目前随着大数据技术的发展，以及在“BI的AI化”整体趋势下，数据分析师需要在完成报表和分析报告的基础上，掌握更多的编程技能，以及数据分析和数据挖掘的能力，充实自己的“弹药库”，真正做到“一专多能”。

基于目前发展的大趋势，想要在数据分析师面试中崭露头角，同时具备数据分析和挖掘数据的能力已经成为撒手锏，能够极大地提高候选人的竞争力。本书也会详细讲解掌握这两种技能的方法以及面试技巧，如图1–4所示。

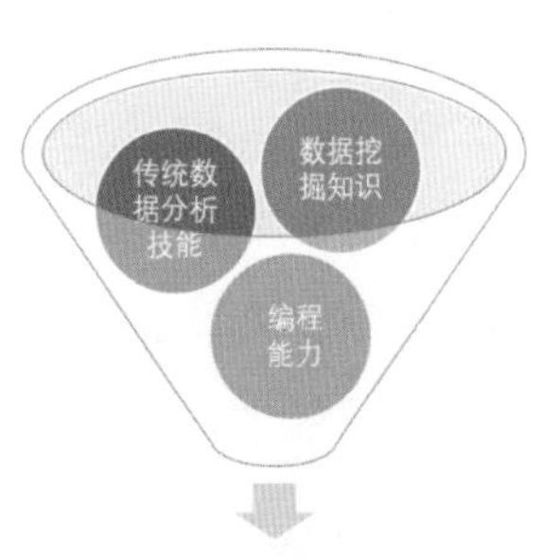

图1–4

现在介绍一下数据仓库工程师。这个岗位的工作始终贯穿于数据项目的流程中，对各项数据相关工作提供数据库支持，是非常重要的支持岗位。因为数据仓库直接关系到整个公司数据系统能否顺利运行，所以数据仓库工程师是整个数据类岗位中周末、节假日最为“警惕”的岗位，需要极强的责任心。此外，其他岗位，如数据分析师，也会要求候选人掌握一定的数据库相关技术，方便与数据仓库工程师对接，以及自主完成复杂度较低的数据仓库工作，如数据提取、定时任务设置等。

1.2　如何选择适合自己的岗位

了解一个岗位的要求以及所需具备的能力，最好的方法就是总结各个岗位的招聘要求。通过了解招聘要求倒推所需的背景和能力，根据自身的情况，采用有效的方法提升竞争力，再结合一些面试技巧，最终成功获得自己心仪的岗位。

1.2.1 数据分析师

主要职责：

- 响应产品／运营活动等数据分析需求，定期进行数据分析报告的撰写及数据汇报工作；
- 对日常运营的产品数据进行监控和分析，从数据异动中主动发现问题；
- 构建各种分析和挖掘模型，跟踪和分析运营数据，为业务决策提供数据支撑，并推进落地；
- 数据产品建设，完成数据采集、埋点梳理、指标逻辑定义和报表开发。

所需技能：

- 拥有扎实的数学、统计学基础知识；
- 熟练掌握常用工具，如 Excel、SQL、R、Python 等；
- 掌握模型知识，了解常见的分析模型，如回归模型、聚类模型、时间序列模型等；
- 具有非常强的数据敏感度、优秀的逻辑分析能力和文字表达能力。

随着大数据时代的到来，数据分析师的职责也在不断发生变化，一方面要完成数据分析的数据报表开发和数据分析报告撰写，另一方面要结合整体趋势，掌握一定的编程能力和模型知识，将数据分析和挖掘模型应用到业务中，真正做到“数据驱动业务”。

同时，数据分析师也需要具备从数据库中提取数据的能力，高效、快速地从数据库中提取数据也是面试中一个重要的考查点。综合来看，数据分析师已经成为一个综合的岗位，在掌握统计学知识的基础上，模型、数据库知识以及出色的表达能力也是需要具备的。

数据分析师岗位会优先考虑有数学、统计学专业背景的人员，但这并不代表其他专业背景的求职者就没有机会。如果能够在简历上以及面试过程中体现出非常强的数据敏感度，具备数据分析师所需要的技能，参与过数据分析相关项目，就可以有效地打破专业壁垒。

比较有效的方式就是输出一些有独特观点的分析类文章，可以是关于某项技术的，如对用户画像的思考，也可以针对一些事件进行数据分析，以体现出自身的数据敏感度和技能储备，提高竞争力。

1.2.2　数据挖掘工程师

主要职责：

- 熟悉大规模数据挖掘、机器学习等相关技术，能熟练使用聚类、回归、分类等算法并调优，可以针对具体业务进行有效建模并应用实践；
- 配合开发人员和算法工程师完成模型的上线运行，并对模型进行监控、维护和调整；
- 具备良好的逻辑思维能力，能够从海量数据中发现有价值的规律，并结合业务发掘数据价值。

所需技能：

- 拥有扎实的数学、计算机基础知识；
- 熟练掌握常用工具，如SQL、Python、Scala、Java等，能够在Linux环境下进行编程；
- 掌握机器学习常见模型的原理及调优方法，对深度学习、自然语言处理等有一定的了解；
- 具有非常强的业务敏感度，能够推动模型真正落地。

数据挖掘工程师需要具备比较强的综合能力。同时在具备很强的编程能力的基础上，需要具有比较强的业务思维。数据挖掘工程师所参与的项目往往与业务紧密关联，如果只是完成模型的构建，采用现有的框架，而没有注入自己的业务思考，那么这样的项目是没有“灵魂”的。

数据挖掘工程师往往倾向于选择有计算机、统计专业背景的求职者。随着数据量的增加，数据挖掘工程师对编程能力的要求也在逐步提高，这时候有计算机专业背景就是非常有效的加分项。

同时，数据挖掘工程师也需要具备数据分析能力，只有具有非常强的数据敏感度，才能做出更加符合业务需求的模型，而不仅仅是简单地满足业务方的需求。

1.2.3 算法工程师

主要职责：

- 完成大规模机器学习平台的建设，包括实现离线 / 在线训练、在线预测服务、模型管理、任务调度、资源管理等；
- 优化并改进公司的深度学习、自然语言处理、知识图谱等模型，将前沿机器学习 / 深度学习算法应用到产品上；
- 处理集群海量数据，从海量数据中提取有效信息。

所需技能：

- 掌握算法知识，具备编程能力；
- 熟练掌握常用工具，如 Python、Scala、Java 等，具备处理海量数据的能力；
- 对机器学习、深度学习、计算机视觉、图像处理、自然语言理解、数据挖掘、算法优化等领域有一定的研究和见解；
- 能够钻研新兴的前沿技术，推动技术的迭代。

算法工程师，一个听上去“高大上”的岗位，在公司中也往往有着“至高无上”的地位，比较明显的体现是高薪资。但算法工程师所需承受的压力也是非常大的，需要不断地学习前沿技术，并将前沿技术“本地化”，而不仅仅是调用现有的框架和“包”。

算法工程师与某一具体业务的关联可能不如数据挖掘工程师紧密，不需要针对业务的一些细节面面俱到，但需要对公司业务发展有一个宏观的思考，能站在一个比较高的高度来思考前沿技术对公司未来业务的推动。

算法工程师有两个大的发展方向，一个是“算法”，不断探索先进的算法，或者对现有的算法进行大规模的改进，在面试中会问到一些数学专业课的内容，如测度论等，也会问到先进的算法，如深度学习、知识图谱、对抗网络等新兴技术内容；另一个是更加偏重“工程”，会做开发工程师所要完成的工作，对数据结构这类知识的要求比较高，通常需要掌握 Java 或 C++ 语言。

1.2.4 数据产品经理

主要职责：

- 基于业务数据，挖掘数据价值，设计支持业务决策的各类数据工具；
- 制定数据产品业务规范，完成指标口径统一、数据字典维护等工作；
- 指导研发团队开发产品，协调数据开发及产品研发，推进产品完成，同时负责后期产品持续运营；
- 能够自主完成一定的数据分析、数据提取工作。

所需技能：

- 拥有扎实的数学、统计学、计算机基础知识；
- 熟练掌握常用工具，如 Word、Excel、SQL、R、Axure 等；
- 能够完成条例清晰的产品说明文档（PRD），并能绘制符合标准的原型图；
- 具有良好的数据敏感度和业务敏感度，具备非常强的表达能力和沟通协调能力。

产品经理是一个对业务敏感度和沟通能力要求非常高的岗位，而数据产品经理还需要具有良好的数据思维。不同的公司对数据产品经理的定位会有比较大的区别，但是一些大公司，如腾讯，会对数据产品经理有比较高的数据分析能力要求。

一个非科班背景的求职者要想进入数据类岗位，选择数据产品经理是一条非常好的途径，但前提是该求职者要具有良好的产品思维和数据分析能力，并不是真的“人人都是产品经理”。好的数据产品经理一定也是一个好的数据分析师，虽然在工作内容上不像数据分析师那样进行大量的分析报告输出或者模型分析，但是在遇到产品相关问题时，一定要有良好的数据思维，通过数据推动产品的发展。

一个好的数据产品经理在面试中就应该体现出良好的数据思维和产品思维，对产品以及业务的发展有自己独到的思考，同时他也应该是一个好的团队成员，能够协调好各类资源。公司的资源是有限的，如何利用有限的资源实现需求并不断优化，也是数据产品经理所需具备的“软实力”。

1.2.5 小结

以上是对数据分析师、数据挖掘工程师、算法工程师和数据产品经理岗位的一些介绍。可以发现，虽然各个数据类岗位之间有不同的要求，但也可以归纳出如下通用要求。

- 具备扎实的基础知识 / 编程能力。面试官也要考虑候选人入职后能否满足工作的要求，即使说得天花乱坠，最后也要落到实处。因此，在面试前候选人需要做好充足的准备，把基础知识打牢，面试时才能厚积薄发。
- 拥有丰富的项目经验。面试时除了考查一些技能，也会看重候选人的项目经验。如果做过相似的项目，在之后的工作中能够举一反三，将自己的项目经验运用在新工作中，则可以缩短适应的时间。
- 具有积极的学习态度。在工作中，需要不断根据技术的发展和新的趋势来学习、提高自己，具有积极的学习态度尤为重要。这一点在面试中可以通过自己的表述传达给面试官，提高竞争力。

后续章节也会结合数据类岗位的通用要求以及各岗位的具体要求，讲解面试的内容以及所需准备的知识。

再次提醒：虽然这些岗位各有侧重点，但实际上它们相互依赖、相互包含，彼此之间没有非常高的壁垒。

以数据分析师为例，数据分析师在完成本职工作的基础上，也需要有能力担负起部分数据挖掘工程师或者数据产品经理的职责，让自己更加“多元化”。在一些组织架构非常完善的公司或者部门中，相对单一的技能和职责是足够应付日常工作的。但是在一些创业型公司或者大公司的新部门中，很多时候对数据分析师的“多元化”提出了更高的要求，如果只掌握了某一方面的技能，则很难胜任当前工作。

此外，技术本身就处于一个快速发展迭代的过程中，只有不断地学习新技能，才能提高自己的竞争力。而且在学习一项新技能前，不要只看眼前的发展，比如 Python 刚出来的时候，很多人觉得自己可能用不到，没有及时学习，后来随着技术的发展，没有及时学习 Python 的人员很快就落后于其他竞争者。

有的人特别喜欢问："学会了 ×××，对面试 ××× 是否有帮助？"实际上，这本身就是一个伪命题，多学习一定会有帮助，其所要关心的应该是帮助到底有多大，根据重要程度安排学习的优先级，才是正确的态度。数据类岗位更是如此，需要不断提高自己，才能保持很强的竞争力。

本节内容总结如图 1–5 所示。

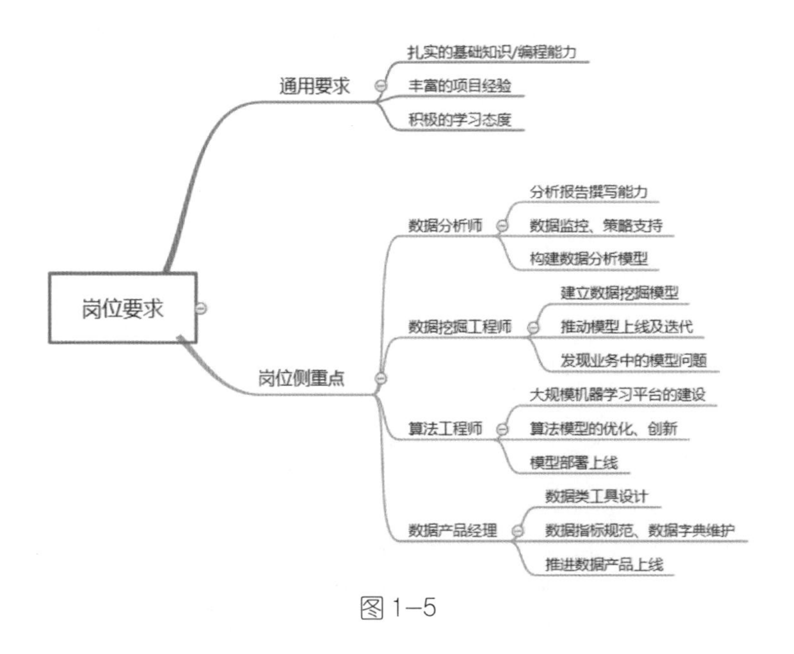

图 1–5

1.3 准备一份高质量的简历

在应聘过程中，简历起到了非常重要的作用，相当于"敲门砖"，很多候选人都是在简历关被筛选掉的，所以说准备一份高质量的简历，是面试取得成功、顺利获得 Offer 的第一步。

候选人在准备简历时要始终保持"换位思考"，把自己当作面试官，设想自己看到这样一份简历，是不是会有兴趣看下去，或者感受到候选人的用心。

在网络上大家可以找到非常多的简历模板，这些模板的制作确实非常精良，但是可能并不适合作为应聘数据类岗位的简历，好的简历一定要结合数据类岗位的特性。本节会结合通用简历要求以及数据分析师岗位的具体要求给出一些建议。

1.3.1 通用排版建议

1. 篇幅精练

众所周知，公司的 HR（本书中指人力资源部门的负责人）每天都要处理非常多的简历，往往他们会比用人部门更早地接触到候选人的简历，进行“初筛”。篇幅过长的简历显然会给 HR 造成很大的困扰，结果也就可想而知了。一份简历的篇幅需要控制在两页之内，在两页的简历中突出重点，把自己的优势和亮点清晰地体现出来。

当然，具体选择一页还是两页，没有特别的要求，取决于简历的内容。有些候选人有非常多的相关经验或者能够加分的亮点，可以选择两页，不要刻意都放到一页上；否则会显得过于密集，影响面试官的阅读。

也有些候选人可能参加校招，相关经验少一些，此时可选择一页，将亮点进行集中展示。如果硬要做成两页，势必会增加很多“无营养”或者不相关的内容，排版也会显得很松散，最终适得其反。

尽量避免篇幅超过三页，这样的简历即使里面有非常多的亮点，但如果不是应聘公司的高级别岗位，也往往会因为篇幅的关系让 HR 无法在短时间内发现你的亮点，从而使你失去了面试的机会。毕竟 HR 每天要处理的简历非常多，没办法在短时间内抓住 HR 眼球的简历，很可能就会石沉大海。

但是提到“精炼”，不是说内容越少越好，而是要在简历中更多地集中呈现能够吸引用人部门关注的部分。比如你以前做过一个完整的分析项目、挖掘项目，或者参加过与要应聘的岗位相关的某项竞赛，这样的经历在简历中出现会对你的应聘有非常大的帮助。后续章节会讲解这样的经历应该如何出现在简历中，绝非简单地写“参加过 ××× 数据分析项目”，一句话带过。

此外，有些信息可以不出现在简历当中。比如很多参加校招的同学会将自己在学生会的经历作为亮点，实际上只需要简单提一下即可，不需要在简历中占据比较大的篇幅。如果应聘的是偏重于技术的岗位，比如算法工程师，这样的信息占据了比较大的篇幅，可能就会成为一个“扣分点”。因为这样的岗位需要的是踏实、耐得住寂寞的人，如果看到候选人在校期间将大量时间投入到学生会而非课业或者技术研究中，结果可能会适得其反。但如果应聘的是产品类或者运营类岗位，这样的经历就会是加分项。

2．干净整齐

由于数据类岗位更加偏技术一些，对简历的排版没有特别高的要求，但是注意，不要让自己的简历变得特别“丑”或者浮夸。

虽然不需要让自己的简历看起来像一份设计作品，但至少不要让它看起来像报名表，如图 1−6 所示，毫无美感可言。

个人简历

姓　名		性　别		出生年月		
籍　贯		民　族		身体状况		
政治面貌		身　高		外语程度		
所在学院		学　历		曾任职务		
毕业时间		联系电话				
家庭住址		邮政编码				
		E-mail				
主修课程						
个人简历						
熟悉软件						
个人特点						
应聘岗位及个人特长和能力						
社会实践经历						

图 1−6

大家可以换位思考，拿到一份报名表式的简历，如何能打动面试官，让其相信你为了这份工作精心准备过，而不是海投之后抱着碰运气的心态来应聘的，面试官会认为这种“百搭”报名表没有太大的价值，顺手就会放到一边。

同样，也不要把自己的简历弄得过于酷炫，毕竟要应聘的岗位偏重于技术，需要的是比较踏实、能够不断学习新技术的人员。下面提供一个不错的模板，如图 1–7 所示。

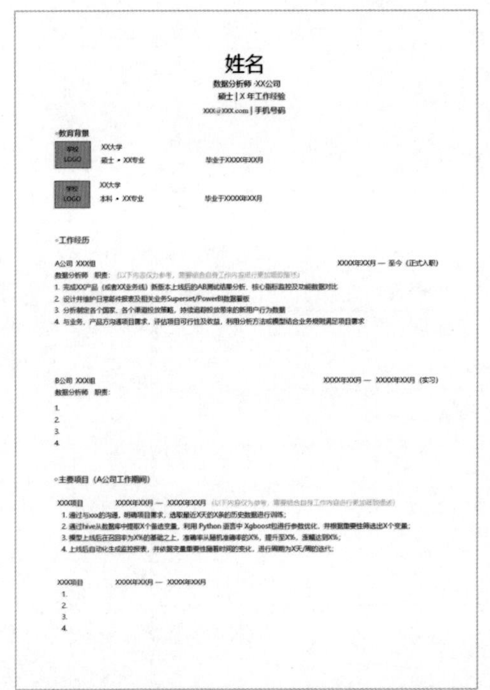

姓名

数据分析师 ·XX公司

硕士 | X 年工作经验

XXX@XXX.com | 手机号码

◦教育背景

学校 LOGO　XX大学

硕士 • XX专业　毕业于XXXX年XX月

学校 LOGO　XX大学

本科 • XX专业　毕业于XXXX年XX月

◦工作经历

A公司 XXX组　XXXX年XX月 — 至今（正式入职）

数据分析师　职责：

1. 完成XX产品（或者XX业务线）新版本上线后的AB测试结果分析、核心指标监控及功能数据对比
2. 设计并维护日常邮件报表及相关业务Superset/PowerBI数据看板
3. 分析制定各个国家、各个渠道投放策略，持续追踪投放带来的新用户行为数据
4. 与业务、产品方沟通项目需求，评估项目可行性及收益，利用分析方法或模型结合业务规则满足项目需求

B公司 XXX组　XXXX年XX月 — XXXX年XX月（实习）

数据分析师　职责：

1.
2.
3.
4.

◦主要项目（A公司工作期间）

XXX项目　XXXX年XX月 — XXXX年XX月

1. 通过与xxx的沟通，明确项目需求，选取最近X天的X条的历史数据进行训练；
2. 通过hive从数据库中提取X个备选变量，利用 Python 语言中 Xgboost包进行参数优化，并根据重要性筛选出X个变量；
3. 模型上线后在召回率为X%的基础之上，准确率从随机准确率的X%，提升至X%，涨幅达到X%；
4. 上线后自动化生成监控报表，并依据变量重要性随着时间的变化，进行周期为X天/周的迭代；

XXX项目　XXXX年XX月 — XXXX年XX月

1.
2.
3.
4.

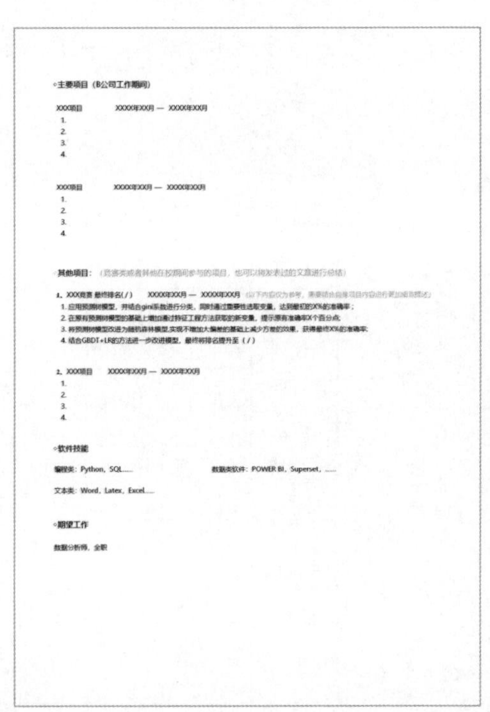

◦主要项目（B公司工作期间）

XXX项目　XXXX年XX月 — XXXX年XX月

1.
2.
3.
4.

XXX项目　XXXX年XX月 — XXXX年XX月

1.
2.
3.
4.

◦其他项目：

1、XXX竞赛 最终排名(/)　XXXX年XX月 — XXXX年XX月

1. 应用预测树模型，并结合gini系数进行分类，同时通过重要性选取变量，达到最初的X%的准确率；
2. 在原有预测树模型的基础上增加通过特征工程方法获取的新变量，提示原有准确率X个百分点；
3. 将预测树模型改进为随机森林模型,实现不增加大偏差的基础上减少方差的效果，获得最终X%的准确率；
4. 结合GBDT+LR的方法进一步改进模型，最终将排名提升至（/）

2、XXX项目　XXXX年XX月 — XXXX年XX月

1.
2.
3.
4.

◦软件技能

编程类：Python，SQL……　数据类软件：POWER BI，Superset，……

文本类：Word，Latex，Excel……

◦期望工作

数据分析师，全职

图 1–7

这个模板整体上给人以层次清晰、简洁明了的感觉，将简历合理分成几个部分，具体各个部分的要求会在下面进行讲解。同时，这个模板也避免了“报名表”式的排版，可以作为未来准备简历时的一个参考。

3. 层次清晰

关于简历内容的安排，也是一个非常值得思考的问题。很多候选人的简历内容是非常不错的，但是在内容的安排上却差强人意，层次不清晰，顺序也比较乱，给人“东一

榔头，西一棒槌”的感觉。通过合理的内容层次安排，可以提高简历的可读性，最终达到比较好的效果。

这里给出的建议是将简历整体分为四部分，分别是个人介绍、工作／实习经历、项目介绍、补充内容，层层推进，如图1–8所示。

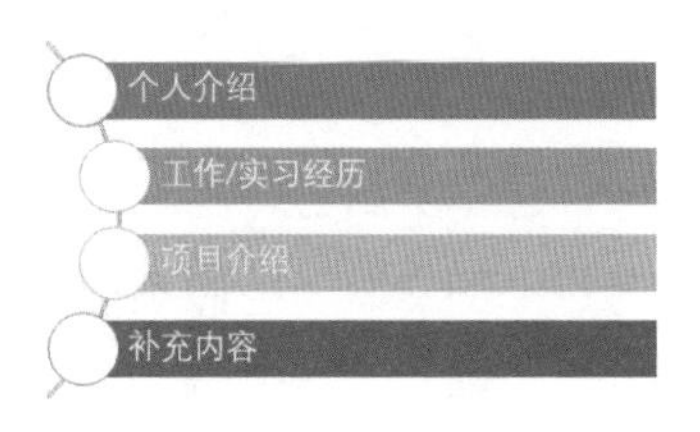

图1–8

第一部分是个人介绍，主要体现的是教育背景。这部分基本上是比较常规的内容，也要适当控制一下篇幅。有些候选人会将在校期间获得过的大小奖项都写上，但实际上写得太多反而有种啰唆的感觉，尽量只选择一些有分量的或者有影响力的奖项写上即可，比如国家奖学金、数学建模全国赛奖项这种的。

第二部分是工作／实习经历，主要叙述之前的工作或者实习内容，相当于对之前工作的一个总结，建议用三四句话进行有效总结。这部分需要体现的是“广度”，通过三四句话展示之前工作内容的丰富性，涵盖参与过的项目，而不是聚焦于其中某个项目。面试官看到这部分内容，基本上就会比较了解该候选人之前的一些工作，后续会针对自己感兴趣的方向进行提问。

第三部分是项目介绍，优先选择工作／实习中的一些项目，其次可以选择某竞赛中的项目，比如数学建模竞赛或者阿里天池竞赛等。如果这两类项目的经历并不是很丰富，则可以选择一些能够体现自身水平且相对复杂的学校中或者某个网课的项目，而太过简单的项目，不推荐为了凑篇幅而写。这部分一定要体现“深度”，即对该项目从开始到结束有一个完整的描述，具体的描述方式会在后面进行阐述。

第四部分是补充内容，做一些额外的介绍，可以包括自己的兴趣、爱好，或者最近看的书籍、学习的新技术，但尽量与应聘的岗位或者行业相关。比如应聘的是游戏公司，就可以写一下自己玩某些游戏的段位，作为一个额外的加分项；对于互金类公司，就可以写一下自己最近学习的一些如信用卡评分模型、社交网络等与行业相关的内容。

4. 注意措辞

不要过分夸大内容，有些候选人会写带领团队完成×××项目或者独立完成×××

项目，但是之后面试官通过与他沟通，发现实际上并非如此。可能该候选人负责的只是大项目中的一个环节，或者和其他成员共同完成项目，过分夸大内容会给面试官带来非常不好的印象。

另外，一定不要在简历中出现人称代词，主要就是“我”。简历本身应该是一个偏商务化的文案，虽然不需要像商务公文那样斟酌用词，但基本的规则也要遵守。简历可以帮助面试官客观地评价候选人，一些主观化的措辞显然不合适，比如“我参与了×××”这种话不要出现在简历中，否则会显得非常不专业。

最后要提醒的就是简历的字体、字号统一，对齐、缩进统一，不要因为这些细小的环节给自己减分。

这部分内容总结如图 1-9 所示。

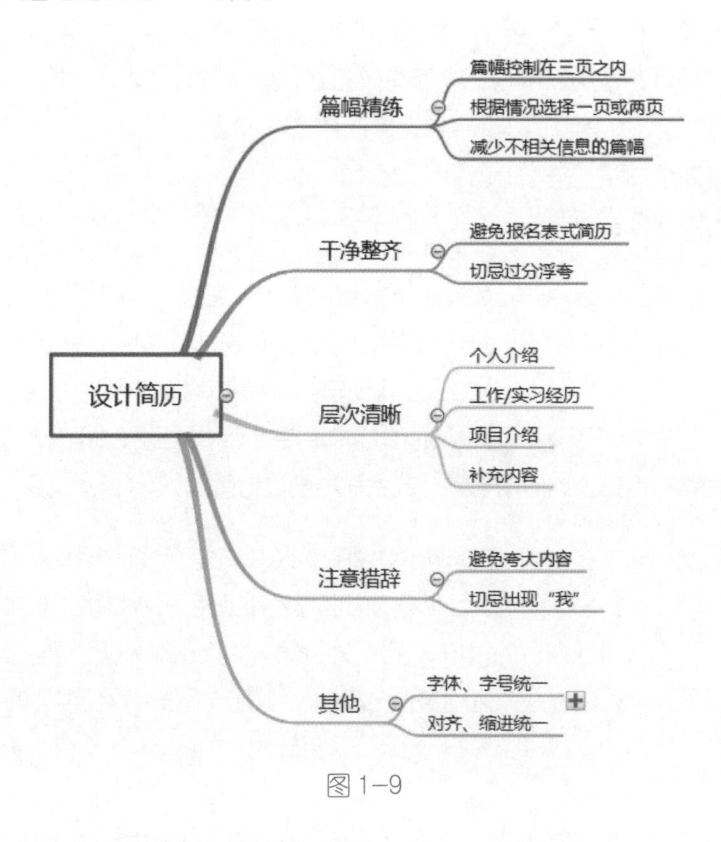

图 1-9

1.3.2　如何描述数据类项目

前面给出的是比较通用的建议，下面介绍如何描述数据类项目。

1. 数据导向

既然是数据类项目，那么数据就一定是不可或缺的因素。“用数据说话”是数据类项目的核心要求，其中数据源和结果描述可以最好地体现这一点。

关于数据源，很多人在简历中喜欢用“从大量 / 海量数据中，……”这样的描述方式，看似掌握了很高超的技术，实则显得很空洞，远不如“从 300 万元的店铺销售额数据中，……”有内容。

在描述一个项目的结果时，有的简历中会出现“显著提升”“明显提升”这样的词。实际上，这存在两个问题，一个是“多少”的问题，面试官更希望看到的是提升了多少，比如“3% 的转化率提升”这样的描述才是好的。

另一个是“对比”的问题。上面虽然解决了“多少”的问题，但还是无法体现出一个项目的真实结果，这时就需要有一个对比的数据。对于一个模型项目，可以将最后的准确率与随机准确率进行对比；对于一个分析项目，可以将最终的提升幅度与项目预期或者同期的其他项目进行对比。

比如“模型准确率达到 90%，与随机准确率 45% 相比，有了 100% 的提升”，或者“某品牌最终销售额提高 3%，与预定的 2% 相比，有了 50% 的提升”这样的描述，就会更具说服力。

2. 流程明确

有了“用数据说话”的思维后，接下来要做的就是梳理项目内容，描述一个完整的项目体系。在有的简历中，项目描述如同流水账，有大段的文字描述。不建议这样做，好的项目描述应该按图 1-10 所示的流程进行拆分。

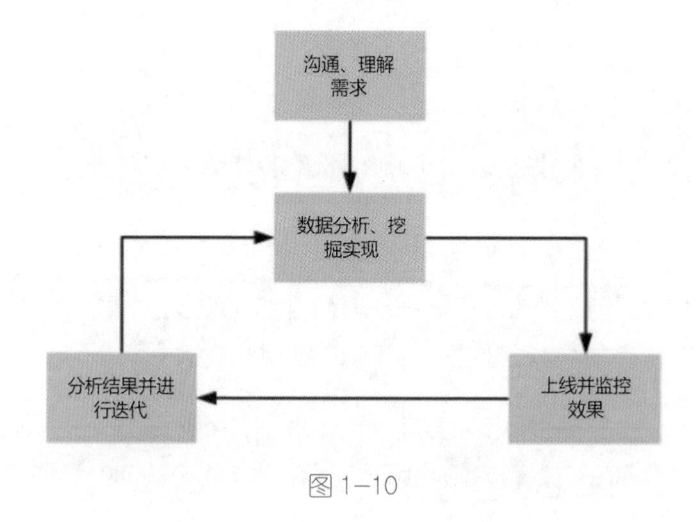

图 1–10

很多人都会对分析、挖掘的实现过程进行比较详细的描述，但往往会忽略迭代的过程。其实一个好项目是需要不断迭代的，也就是“善始善终”，这也是在数据类项目的描述过程中能够让你与众不同的地方。大家在日常的工作中也应该培养自己的迭代思维，从而真正地做好一个数据类项目。

3．突出技术点

前面提到数据类岗位比较看重技术能力，因此技术点也需要在项目描述中体现出来。一些比较重要的技术点出现在项目描述中，会对整个简历起到加分的作用。由于面试官本身也是从事这个行业的，看到这些就会比较亲切，自然形成一条“纽带”。

比如，在编程能力方面，相比于单纯地罗列出自己所掌握的编程技术，如 Python、SQL、R 等，将它们写进项目描述中，体现出项目中用到的某一特定模块效果更好，如运用 Python 中的 sklearn 完成 ×××、运用 R 中的 ggplot2 完成 ×××，等等。

再比如，在具体的统计或者挖掘模型部分，可以在简历中将某一具体的模型名称写出来，如利用随机森林模型完成订单分类、利用 K–Means 聚类实现用户的划分，等等。写出具体的模型名称是一个不错的加分项。需要提醒大家的是，这些具体的技术点也是后续面试中面试官所提问题的主要方向，因此候选人需要在这些方面进行精心的准备。

但是在写技术点的细节时要适量，不要写得太过具体，否则会显得对项目的描述没有重点，过犹不及。在模型部分，也不要把所有用过的模型都写上，比如写“利用线性回归、逻辑回归、决策树、随机森林、XGBoost+LR、LightGBM 等算法实现 ×××”，否则将导致无法获得预期的效果。

4. 建议

关于项目描述给出的建议是：用四五句话以列表的形式描述清楚一个项目，列出清晰的项目流程，并将数字部分具体化，同时加入简明的技术实现细节。这里分享作者的一个项目描述案例，大家可以结合自己的项目实际情况进行调整。

- 通过与 ××× 的沟通，明确项目需求，选取最近 X 天的 X 条历史数据进行训练；
- 通过 Hive 从数据库中提取 X 个备选变量，利用 Python 中的 XGBoost 包进行参数优化，并根据重要性筛选出 X 个变量；
- 模型上线后，在召回率为 X% 的基础上，准确率从随机准确率的 X%，提升至 X%，涨幅达到 X%；
- 上线后自动化生成监控报表，并根据变量的重要性，随着时间的变化，进行周期为 X天/周/月的迭代过程。

以上就是描述项目的通用方法，大家可以根据自己的实际情况，在数据导向、流程明确、突出技术点方面描述项目。

1.4 投递简历有哪些途径

投递简历的途径主要分为校招和社招两种，二者对候选人的要求有所不同，校招主要针对应届生或者工作时间比较短的往届生；社招则往往对应聘者的工作经历有一定的要求，但不排除特别优秀的应届生。由于针对的人群有所差异，因此二者具体的投递渠道也有所不同。

1.4.1 校招

对于校招，需要时刻关注各大公司的校招日历，包括线上的申请和线下的见面会，这也是比较常规的校招渠道。同时，也需要关注各大公司的校招内推渠道，可以通过已经在该公司工作的学长或者朋友获取相关的内推机会。内推可以大大增加你的简历被关注的机会，提高参加面试的机会，但是否能够面试成功则取决于你的真实能力。

相比于常规的校招渠道，更加有效的方式是争取获得公司内部“实习转正”的机会。通过实习，一方面可以积累工作经验，参与完整的数据类项目，对正式的工作环境有所熟悉，从而完善自己的简历；另一方面，很多公司对应届生的选择会优先考虑在本公司有过实习经历的候选人，就是所谓的“实习转正”，以这种方式进入公司的机会要远大于海选式的校招选拔。

获取实习的机会，一方面，可以在针对实习生招聘的各大网站中进行选择，如大街网、实习僧等；另一方面，可以利用“脉脉”App，通过脉脉会发现很多学长都已经进入了相应的公司，通过他们可以更加高效地获取实习信息。

这里给出一些实习的建议：切勿在实习过程中“眼高手低”，因为是实习生，可能做的工作会比较“无趣”。因为实习生本身就存在一定的不确定性，大的项目很难交给实习生来独立完成，实习生往往会做些辅助性工作。

在实习过程中，需要放平心态，抱着学习提高的态度，踏实完成工作，并且主动了解公司的流程、技术，不要局限于自己手头的工作，真正利用好实习的机会。只有这样，才能为自己争取到转正的机会。

1.4.2 社招

相比于校招有比较统一的招聘周期，社招往往没有固定的招聘时间，各大公司结合自身的业务发展和人员流动不定期地发出招聘信息。社招要求候选人能够有效利用各大招聘网站和 App，提高自己的应聘效率。

下面着重介绍几个比较知名的招聘网站和 App。

猎聘：猎聘的优势是有非常多的猎头资源。很多候选人可能会对猎头有一些不正确的认知，感觉猎头“不靠谱”，但随着猎头行业的发展，目前的猎头行业已经比较完善和成熟。猎头是不会向候选人收费的，真正付费的是用人企业。所以从某种意义上说，猎头和候选人是“一条心”。由于有着丰富的猎头资源，候选人可以在猎聘上高效地获取各公司的机会信息，在短时间内快速获得比较多的面试机会。

BOSS 直聘：BOSS 直聘上有比较多的公司 HR 以及部门内部的技术人员。由于是部门内部人员招聘，会对候选人与岗位的匹配情况有着更好的认知，通过该渠道获得面试机会的成功率比较高。

拉勾：介于猎聘和 BOSS 直聘之间，企业内部资源和猎头资源比较平均，大家在选择的时候可以“广撒网，重点捕捞”，充分挖掘各个网站的优势为自身所用。

1.4.3　其他途径

本节介绍一些更加“有特色”的渠道。比如竞赛，一些大公司都会举办技术类竞赛，如阿里巴巴的天池大赛、华为的 codecraft 算法竞赛等。通过竞赛不仅能够提高自身的技术水平、丰富阅历，如果达到一定的要求，还可以直接获得入职公司或者面试的机会。

另外，还可以在各大平台（如微信公众平台、知乎、简书）发表一些技术类文章，形成自己的专栏或者成为公众号号主。

随着自媒体的发展，越来越多的人会关注比较大的自媒体平台，其中包括很多公司的招聘人员。在大家各方面背景相当的情况下，能够将自己掌握的知识高度总结，并写出高质量的技术类文章会成为一个大的加分项。通过撰写技术类文章，不仅能提高知名度，还能获得公司的关注。

第 2 章 直面数据分析师面试

2.1　数据分析师面试流程

前面讲到了数据类岗位的整体情况，包括岗位的划分以及相应职责和要求，同时讲解了准备简历时的注意事项，也提供了投递简历的途径。

有了前面的准备，本章就将直击面试，通过作者真实的面试经历来了解面试的整体流程，再结合面试中常被问到的一些问题，最终提炼出面试技巧和常见的面试问题。

首先介绍通用的面试流程，如图 2-1 所示。

图 2-1

这里用“换位思考”的方式来理解每一轮面试，站在每一轮的面试官的角度来思考。

2.1.1　笔试

笔试常常出现在校招中。由于每年参加校招的应届生众多，如果将候选人都邀请来公司面试，显然不太现实。因此，笔试就成为一种很好的“初筛”手段，笔试内容主要与岗位相关。由于候选人往往是应届生，或者是有相关工作经验，但并不是很丰富的往届生，因此笔试考查的重点会集中在基础知识上，包括概率论、数理统计、数据挖掘等内容，也包括对业务的简单理解。可见，具有扎实的基础知识是通过笔试的唯一方法，后续章节会具体讲解所需了解的知识点。

2.1.2　部门内部成员面试

通过笔试后，候选人面对的第一轮面试的面试官通常是用人部门的普通成员，也就是“潜在”的同事。站在面试官的角度，面前的候选人可能会成为自己的同事，因此所提问题会侧重于基础的理论知识、业务常识和编程技能。相信大家都不希望招进来的人员，只空有好的背景和口才，并没有真正的落地能力或者业务常识，入职后很多事情都需要自己花大量时间去教。

因此，候选人在准备这轮面试时，需要在笔试的基础上，多了解一些与业务相关的内容，以及要用到的编程软件、数据库，给面试官一种“来之即战”的好印象。此外，面试官也会看重候选人的沟通能力，因为候选人入职后可能会和自己经常打交道。因此，候选人需要掌握一些沟通技巧，在面试中体现出自己的高合作度尤为重要。

2.1.3 部门负责人面试

通过部门内部成员的面试后，下一轮的面试官是部门负责人，这轮面试侧重于考查候选人的“潜力”。

这一轮的面试官会比较注重考查候选人对之前做过的项目的理解和思考，看其是否有自己独立的见解。有些面试官会深挖候选人经历中的技术细节，一方面来确定其经历的真实性，另一方面来体现候选人的思考。比如对于常用的 XGBoost 模型，懂得原理之后再去应用，这样的候选人显然比只会调包的候选人竞争力大。

同时面试官会问一些比较开放性的与业务相关的问题，考查候选人的逻辑性和创造性。作为部门负责人，为了保持团队的活力，需要一些富有创造力的成员加入，因此候选人在面试中体现出自己的创造力尤为重要。

2.1.4 总监面试

通过部门内部成员和部门负责人的面试后，可能还会有总监面试，通常总监面试针对的是一些比较有经验的候选人，给到的职位也会相对高一些，但也有公司会对所有候选人都安排总监面试。能到这一轮面试基本上通过的概率就比较高了。总监作为公司比较高层的人士，面试时会围绕“大局观”展开。

这轮面试主要考查候选人对自己未来的发展以及整个公司乃至整个行业的理解，面试时需要候选人给出一个清晰的未来职业发展规划，同时对公司的发展、行业的格局有自己的理解，让面试官感受到候选人具备不错的“大局观”，未来能够不局限于自己的工作，更好地促进公司的发展。

2.1.5　HR 面试

通过前面几轮面试之后，接下来就是 HR 面试了。HR 作为公司人力资源部门的负责人，其本身并不涉及具体的业务，因此对面试的结果通常不具有决定权。但也有一些公司赋予了 HR 一票否决权。这轮面试主要围绕候选人的稳定性展开。由于每个员工的离职都会对部门乃至公司有影响，也会影响相应 HR 的考核，因此 HR 在面试中会格外看重候选人的稳定性。在与 HR 的沟通中，候选人尽可能体现出自己对公司的认同，体现出稳定性，基本上就能够获得最终的 Offer。

如图 2–2 所示，对面试的整体流程进行了梳理。

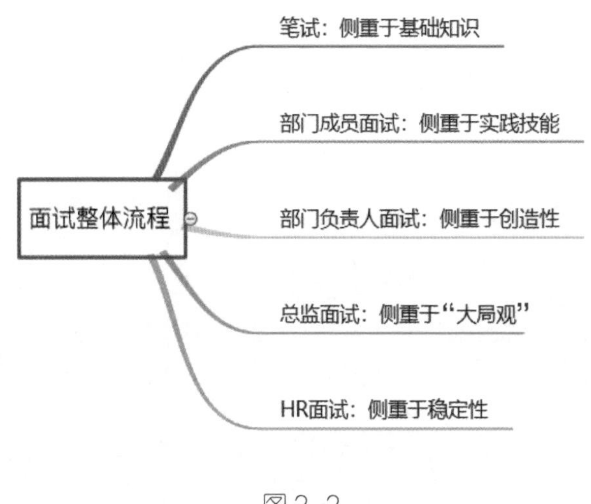

图 2–2

2.2　真实的面试经验分享

通过前面的讲解，相信大家对面试流程已经有了一个整体的了解。本节将通过分享作者所经历过的数据分析师面试情况，让大家对面试更加熟悉，同时了解数据分析师面试所特有的一些内容。

（1）某互联网旅游公司实习校招（结果：成功获得 Offer）

经验：具备扎实的基础知识、编程技能，才能从容应对校招。

面试过程：首先是笔试，笔试题目是直接给出部门脱敏后的数据，使用的模型不限、编程工具不限，最后以 PDF 文件上交预测结果和用于描述数据处理、建模的思路，同时针对题目中的数据需要回答与线性回归、主成分分析相关的一些问题。在解答过程中，分别使用了回归和时序的方法来尝试预测，最后选择了回归的方法。

过了一段时间，拿到了结果并进行了面试，面试官是部门负责人，面试问题主要集中在此前在学校做的项目中，针对简历中提到的模型，重点考查了模型的优缺点和一些特性。因为在简历中提到了逻辑回归，所以被问了一些与逻辑回归相关的问题。同时也考查了统计学中的中心极限定理和 p−value 相关内容。

让人印象深刻的是关于准确率、召回率的问题，当时只是按照书中的定义进行了阐述，没有转换成通俗的语言。由于当时工作经验不是很多，所以还停留在对课本知识的理解上。建议大家一方面要系统地学习理论知识，另一方面要将知识转换成自己的理解，能够用通俗易懂的语言进行解释，深入浅出，才能真正体现出你对知识的运用能力。

在面试中，也被问了一些与该部门正在做的业务相关的问题。比如，如果要预测航班延误情况，你认为都有哪些因素需要考虑（实际上，入职后做的不是与机票相关的事情，但是思路具有可借鉴性）。由于提前准备了相关的业务问题，所以回答得比较顺畅。

接下来就是 HR 面试。因为实习生大体情况相同，所以 HR 面试也比较轻松，最终成功获得了实习的机会。最后实习转正，获得了宝贵的第一份工作。

（2）某互联网电商公司面试（结果：总监面试没有通过）

经验：没有明确的未来规划，容易错过眼前的机会。

面试过程：相比于上一次面试，此次面试时作者已经有了相关工作经验，因此被问的业务问题会多一些。由于是异地面试，所以通过电话进行。

第一轮面试是部门内部成员面试，主要考查基础知识和编程能力。由于在工作经历中提到了 AB 测试，因此问题首先围绕着 AB 测试展开，包括整体的实验设计流程和相应的原理，以及最小样本量的确定方法、对二类错误的解释等。之后的问题则围绕着决策树模型展开，问到了关于决策树和随机森林、Boosting 的区别，尤其是关于 XGBoost 性能提高的原因。

第二轮面试是部门负责人面试，着重问了之前项目的一些细节，包括沟通、迭代、评估的内容，也问了一些自己对项目的想法。由于是一个创新部门，也问了一些自己对相关业务的想法。因为自己本身对这块业务比较感兴趣，所以回答得还算不错。

第三轮面试是总监面试，本来以为稳操胜券，就像之前所讲的，到了这一轮面试基本上十拿九稳，然而还是出现了问题。面试时被问到的一个问题是关于未来职业规划的，当时自己对数据产品比较感兴趣，说以后可能想要转向数据产品经理，但是并没有去深入了解。然而，就是这么不经意的一句话引起了总监的兴趣，问了具体的细节。当时抱着“人人都是产品经理”的想法，实际上了解得并不充分，回答得也不尽如人意。

之后的过程可以说是节节败退，由于并没有真正理解数据产品经理的职责，给面试官一种未来规划不清晰的反馈。虽然前面的面试都通过了，但在这一轮失败了。这里提醒大家，一定要理解各个数据类岗位的要求，规划好自己未来的发展方向，给面试官一个对职业有规划的印象。

（3）某互联网短视频公司面试（结果：通过）

经验：提前熟悉业务背景，在面试中方能从容应对，获得机会。

面试过程：第一轮面试是部门内部成员面试，主要考查关于 Python 编程的情况。由于该部门日常使用 Python 编程，因此这块是面试的重点。问题主要集中在数据框的处理上，包括列的标准化处理方法、自定义聚合函数等，需要手写代码。突然被要求手写代码，可能会有些不适应，这就需要候选人平时适当加强这方面的练习。

除了 Python，也问到了关于 SQL 的问题，包括 join（left join、right join、inner join、outer join）的区别、数据倾斜的原理，以及在实际工作中避免数据倾斜的方法。要求现场完成 SQL 代码，内容主要与窗口函数有关，这部分内容也是 SQL 考查的重点。

在第二轮的部门负责人面试中，面试内容主要与业务相关，问得比较多的是关于产品功能使用的问题，核心问题是如何分析最近功能使用率下降的原因。这类问题在数据分析师面试中经常会碰到。由于自己之前准备得还算充分，已经梳理出了一套用户使用 App 的路径，构造出了一个“漏斗图”，再按照自己对用户画像和周期对比的理解，将之前的路径应用到细分的人群和时间周期中，以此作为回答的整体思路，取得了不错的效果。

在第三轮的总监面试中，由于自己吸取了此前总监面试失败的教训，对自己的职业规划有了清晰的定位，同时也对数据分析师在公司中的价值有了一定的思考，所以对于职业规划问题回答得还算不错。由于公司做的是海外业务，问的一个比较宏观的问题是“如何针对各个国家制定不同的策略”。由于自己对一些国家的国情有所了解，针对这个问题将所了解的国情和产品本身进行了一定的结合，虽然回答得不算很完美，但是有自己的想法。

这次面试还是比较顺利的，虽然最后由于工作地点的原因没有入职，但是从中学到了很多知识。最重要的是自己对这方面的业务比较感兴趣，在面试前做了充分准备，包括对潜在的分析指标的梳理、对部分国家的国情的了解等。

（4）某互联网社交公司面试（结果：跨部门面试未通过）

经验：对做过的项目有更深入的思考，才能在面试中不被“问倒”。

面试过程：上面介绍的几次面试机会都是通过招聘网站或者其他方式投递简历获取到的，而这次是通过在自己的公众号中写的文章被用人部门的负责人发现，认为分析思路不错，主动联系去参加面试的。

第一轮面试的面试官就是这位部门负责人。由于有了此前写过的文章作为铺垫，基本上已经获得了面试官的认可，问题集中在对业务的理解上，问到了如何评估改版效果、如何分析用户痛点并提高转化率等问题。同时也问到了一些统计学的问题，让自己印象比较深刻的问题是如何用最直观的语言给没有学过统计学的人解释正态分布。

第二轮是跨部门面试，这是公司的要求，主要考查候选人的综合能力。在这一轮面试中，问到了一些基础知识和编程问题，而且面试官针对简历中的一个项目，说到感觉这个项目的技术含量不高，问做的价值在哪里。当时自己的反应是有些懵，因为在简历中这个项目是一句话带过的，没有作为重点准备的内容，在工作中也没有投入太多的精力，导致回答得不是很好，结果是跨部门面试没有通过。

后来仔细思考了这个项目，发现这个项目并不是技术含量不高，而是因为自己准备得不充分，没有用自己的表述打动面试官。这里提醒大家，对简历中的每一句话都要负责，特别是提到一个具体的项目时，即使不是日常工作中的重点，也要给出自己的思考。如果做不到这样，就不要把它写到简历中，简历中出现的内容一定是能给自己加分的，而不是拖后腿的。

（5）某互联网直播公司面试（结果：通过）

经验：吸取过往的面试经验，不断提高自身的竞争力。

面试过程：这次面试只有部门内部成员面试（电话面试）和总监面试两轮。

第一轮电话面试的内容以工作经历为主。由于在简历中提到参与过数据看板相关工作，因此这轮面试也由此展开，面试内容包括如何与产品经理沟通、制定看板指标、维护数据字典等。因为这些内容是当时正在做的工作，所以回答得不错。同时吸取了上面提到的社交公司面试失败的经验与教训，在日常工作中对手头的工作进行了价值挖掘，通过数据分析和调研挖掘用户需求，主动拓展看板功能，进一步提升它在项目中的价值和贡献。

同时也问了一些 SQL 问题，特别提到了窗口函数。这里提醒大家，在准备 SQL 问题时，窗口函数一定是重中之重。

第二轮面试到了现场，面试官是总监。出乎意料的是，之前参加的总监面试都不会涉及技术问题，但可能因为这位总监是数据挖掘相关专业出身的，所以提的第一个问题是关于逻辑回归的，要求用最简洁的语言解释逻辑回归，并且问到了关于 L1、L2 范数的问题。

这里提醒大家，即使到了总监面试环节，也不能掉以轻心，各方面的知识都要准备好。接下来的问题主要集中在竞品方面，因为当时自己对一些竞品有所了解，也简单进行过相关对比，因此顺利通过了面试。

建议大家在每次面试之后，都要总结经验与教训，并且在日常工作中针对薄弱项进行改进，只有平时有所积累，才能在面试中真正展示自己能力。

2.3 面试技巧

前面介绍了面试流程，分享了真实的面试经历，从中可以总结出一些面试技巧，帮助大家更好地通过面试。

2.3.1 提前熟悉业务场景

要了解一个岗位，首先，要看招聘公司发布的岗位职责，通常在岗位职责中会描述该岗位所需要的知识储备和编程能力。

其次，要提前熟悉业务场景。很多时候，一些岗位招有相关经验的人员，考虑的是他们对业务场景比较熟悉，能够很快上手工作。比如之前提到的短视频公司面试经历，由于自己在面试前对潜在的指标体系有所了解和准备，因此整个面试过程很顺利。

例如，很多候选人去面试游戏类公司，第一个面试问题可能就是“你平时都玩什么游戏”或者“你对我们公司的游戏有怎样的看法”，这就需要候选人本身对游戏有比较大的兴趣，同时对要面试的部门所负责的游戏有所了解。作者之前参加过游戏公司的电话面试，第一个面试问题就是“你平时玩什么游戏”，由于自己平时游戏玩得不多，结果就是比较狼狈地结束了面试。

作者之前还参加过资讯类公司的电商部门面试，由于准备时间比较仓促，当时问了一句“你们电商都卖什么”，最终的结果可想而知。可见，提前熟悉业务场景非常重要。

熟悉一个业务场景，不应该仅仅停留在“听说过”或者“上网查过”的层面，而需要在此基础上有更加深入的了解。比如想要面试电商类公司的业务分析部门，则需要对电商人员关注的指标有所了解，清楚电商领域常用的工具，如阿里巴巴的生意参谋或者类似的产品，了解其中的指标计算公式，并且在此基础上联想一些可能需要分析的业务场景，面试时将自己对这方面业务的理解展现出来，而不是当面试官问“你对电商领域有哪些了解”时，仅仅回答“我平时经常网购”。

除了了解部门业务以及业务场景，还需要对公司、行业的整体形势有所了解。另外，也要了解公司的主要竞争对手的情况，并进行对比，在总监面试中会问到相关问题，考查候选人的“大局观”。

2.3.2　充分准备好个人介绍

所有面试都是以进行个人介绍开始的，面试官通过候选人的阐述，结合简历上的内容，对候选人建立第一印象。

在做个人介绍时，需要将自己的优势和闪光点集中地展现出来，时间控制在 3 ~ 5 分钟。针对不同的岗位，个人介绍是不同的，需要将自己的经历和所应聘岗位的业务场景尽可能结合起来，找到共通的地方，重点描述简历中与该岗位的技能要求或者业务场景关联性强的项目。比如在岗位的技能要求中提到了用户画像，那么就详细阐述在工作经历中与用户画像相关的内容。如果只是很笼统地将简历内容复述一遍，那么是无法给面试官留下一个不错的个人印象的。

对于项目描述，切忌流水账式地阐述，而是需要突出项目中用到的方法、技术，以及一些比较关键的解决问题的方法。比如在描述一个类似于数据看板的项目时，与其说看板中都有什么指标、如何提取数据，以及如何展示数据等，不如说通过业务分析对看板进行了扩充或者删减，提高了看板的信息量，改善了用户的使用体验。

如果是现场面试，在做个人介绍时，要着重观察面试官的反应。有些面试官喜欢在简历上做一些标记，如果在介绍某一部分内容时发现面试官表现出了一定的兴趣，则可以适当增加这方面的介绍；如果面试官没有表现出热情，只是机械地在听，则可适当提前结束这部分内容的介绍。

2.3.3　了解岗位的侧重点

有些岗位，很难通过岗位描述来准确地了解其更加偏重于技术还是业务，这时就需要在面试的过程中根据面试官的提问进行快速分析，判断这个岗位的侧重点。

如果面试官大部分时间都在问一些与编程有关的或者是数据挖掘、数据分析模型方面的内容，那么很显然这个岗位更加偏重于技术；而如果问题大多集中在具体落地的业务场景上，那么这个岗位更多的是和业务、产品打交道。

对后续问题的回答也可以进行相应的调整：对于偏重于技术的岗位，则可以侧重于谈自己对技术的掌握以及对新技术的探索，体现出自己对技术的思考和不断学习掌握新技术的能力；对于偏重于业务的岗位，则可以侧重于谈对业务的理解、对落地场景的思考，体现出自己沟通和推动模型或者分析结果落地的能力。

如果候选人在面试中分不清岗位的侧重点，对偏重于技术的面试官大谈业务，或者对偏重于业务的面试官大谈技术，那么可能的结果就是面试官觉得这个候选人的能力不错，但是不适合该岗位。

记得在一次面试中，岗位需求是运营分析人员，平时不需要接触数据库，偏重于业务层面的分析，但是自己的简历内容偏重于数据分析方向，不是十分匹配。面试官的回应比较委婉：如果从事这个岗位，你的很多技能都运用不上，比较可惜。实际上，这是一种比较客气的“婉拒”方法，面试也就在友好的氛围中结束了。可见，提前了解岗位的侧重点尤为重要。

2.3.4 保持积极的面试态度

在面试的过程中，面试官与候选人处于不对等的地位，面试的内容一定是面试官更为熟悉的方面，候选人的知识储备很难和面试官所掌握的知识体系和技能完全匹配，一定会出现针对面试官的问题候选人无法很好地给出答案的情况。

这个时候，候选人需要保持积极的心态，一方面，不要因为一个问题没回答好而使之后的面试“溃不成军”；另一方面，也不要在自己不熟悉的问题上过度狡辩，通俗点说，就是与面试官“杠”上，而是应该以积极的态度承认自己在这方面确实有所欠缺，未来会主动加强这方面的学习。

但这并不表示在面试中一定要顺着面试官的思路走，完全迎合面试官，在自己比较熟悉的方面，一定要坚持自己正确的观点。比如某个项目，由于面试官并没有参与过这个项目，可能会针对其中一些内容进行提问，甚至怀疑结果的真实性。遇到这种情况时，候选人一定要清晰地做出回应，阐述获得最终结果的过程和对结果合理性的解释，不要因为面试官的问题而怀疑自己的观点，表现出不自信。

有时候面试官提出问题，只是想看看候选人面对压力时的表现和临场反应能力，因为只有能够从容应对压力，才能在未来的工作中做到游刃有余。

本节内容总结如图 2-3 所示。

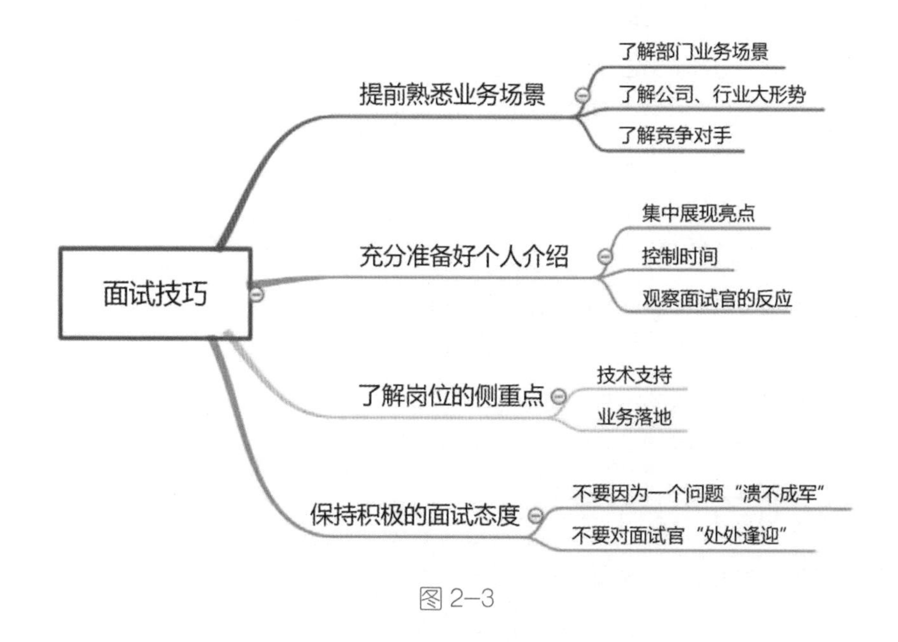

图 2-3

2.4　常见的数据分析师面试问题

前面介绍了一些面试技巧，但是再好的技巧也需要建立在能够将问题回答得很好的基础上。本节对面试问题进行了汇总，问题答案在后续章节中可以找到。

2.4.1　基础知识考查

概率论与数理统计：

- 用简洁的话语阐述随机变量的含义。

- 划分连续型随机变量和离散型随机变量的依据。
- 常见分布的分布函数 / 概率密度函数，以及分布的特性，如指数分布的无记忆性。
- 随机变量常用特征的解释（期望、方差等）。
- 中位数是否等于期望。
- 常见分布的特征值。
- 如何给没有学过统计学的人解释正态分布。
- 列举常用的大数定律及其区别。
- 阐述中心极限定理和正态分布的直接关系。
- 如何利用编程语言设计实验证明中心极限定理。
- 简单阐述假设检验的原理。
- 在假设检验中原假设和备择假设选择的依据。
- 阐述假设检验的两类错误。
- 用通俗的语言解释 p-value、显著性水平、检验效能。
- 分别解释 z 检验和 t 检验。
- 贝叶斯派统计和频率派统计的区别。
- 贝叶斯定理和全概率公式的应用。
- 用贝叶斯定理解释“三门问题”。

数据挖掘：

- 数据集的划分方式，以及各种数据集的作用。
- 阐述欠拟合和过拟合，并解释产生的原因。
- 常用的模型分类方法，以及其中重要的模型（监督 / 非监督、参数 / 非参数等）有哪些。
- 模型中参数和超参数的区别。
- 线性回归模型对误差所做的假设。
- 线性回归模型调优的方法。
- 线性回归模型的优缺点。
- 逻辑回归模型与线性回归模型的异同点。
- 逻辑回归模型中的 L1、L2 正则解释及其区别。
- 决策树模型选择分支的几种方式及其区别。

- 随机森林预测结果优于决策树的原因。
- 随机森林与 GBDT 模型的异同点。
- 随机森林、GBDT 模型的优缺点。
- XGBoost 模型能够有比较好的效果的原因，以及实现并行的原理。
- 针对预测、二分类、多分类常用的模型评估方法。
- 阐述准确率和正确率的区别，以及为什么会选用准确率。
- 用通俗的语言解释准确率和召回率。
- 阐述 ROC 与 AUC 的联系。
- 简述混淆矩阵。

以上列举的只是一部分问题，其中每个问题又可以衍生出许多不同的问题。不同于在学校的考试中会比较重视原理以及相关证明，在面试中对知识点的考查，通常是希望候选人对这些知识点能够做到融会贯通，用通俗易懂的语言进行阐述。

比如对准确率和召回率的解释，虽然可以利用定义中的表格和相关概念进行阐述，但是如果能做到融会贯通，利用警察抓小偷的案例进行阐述（将准确率解释为在抓到的人中小偷的占比，将召回率解释为所有小偷被抓到的占比），显然比单纯地背诵概念好得多，既体现出专业性，又体现出自己的思考。

建议：对于这部分内容，一定要和未来的工作场景相结合，这样才能体现出你对它们的真正理解。

2.4.2　编程能力考查

不同于基础知识考查，编程能力考查更多的是需要候选人现场进行编程——可能在专门的代码考核程序上进行，也可能直接用纸笔来写代码。所考查的编程语言会根据候选人简历中的内容和岗位而定。

对于数据分析师而言，对 R、Python 主要考查的是与数据框相关的操作，包括列的增加、删减、汇总以及数据框之间的连接操作等。这部分考查的内容比较直观，而且数据框也是数据分析师在工作中接触最多的对象。另外，也会对比较复杂的循环、函数进行考查，要求候选人完成循环语句或者功能函数，这部分考查结合了统计学的一些知识和逻辑思维。

对 SQL 则主要考查数据提取和表之间的计算，需要候选人在掌握基本的 SQL 语句、聚合函数，表连接的同时，着重了解窗口函数以及对数据倾斜的处理方法。窗口函数和数据倾斜被考查到的概率很大。

注意，在编写代码时一定要规范、整齐、注释合理。考查编写代码，一是看候选人对编程是否熟悉；二是看候选人是否有良好的编程习惯，能否遵循一定的规范。有些候选人虽然有丰富的工作经验，但是在编程方面却没有养成良好的习惯，这在面试中也是一个扣分项。

此外，面试官也会对项目中用到的一些包或者函数的细节进行考查，一是看候选人是否真的参与了这些项目；二是看候选人对细节的掌握情况。这就要求候选人要重视项目细节，并且能对项目进行复盘。

2.4.3 实战项目考查

实战项目考查主要分两部分：一是对候选人做过的项目进行了解；二是对业务常识进行考查。常见的面试问题如下：

- 简单做自我介绍。
- 阐述之前参与过的某个项目，并且举例说出遇到的困难和解决办法。
- 对于之前做过的项目，还有哪些可进一步提升的地方。
- 近期 ××× 指标有所下降，请针对该问题提出系统化的分析方法。
- 近期产品针对 ××× 功能进行了改版，如何评估改版的效果。
- 公司最近举办了一个营销拉新活动，如何评估这次拉新的效果。
- 在设计数据报表时需要考虑的地方。
- 常用的数据监控方法（如果在此前工作中有所涉及，则可以进行详细阐述）。
- 用户画像的数据来源以及应用场景。
- 针对 ××× 业务，如何运用数据库中的用户画像数据。
- AB 测试所运用的数学原理。
- AB 测试流量划分的方法，以及最小样本量的计算方法。

- 做分析报告需要注意的点，可以展示之前做过的脱敏后的分析报告。
- 在做数据挖掘模型之前，需要进行哪些可行性分析。
- 特征工程包含的变量处理方法。
- 异常值和缺失值处理的方法。
- 如何评估模型上线后的效果。
- 近期看的书或者学到的新的数据分析方法。

这部分是实战项目考查，在阐述项目时要注意数据导向、流程明确、关注技术细节，对项目从开始构建到上线再到迭代的过程进行系统的梳理。

这就要求候选人在做项目的过程中认真思考，真正理解项目背后的技术细节和业务逻辑，而非简单地完成需求。

关于 AB 测试、用户画像等知识，可以多看这方面的文章，了解目前业内先进的方法。

上面最后一个问题实际上是考查候选人的潜能、学习能力和态度，只有不断进行学习，才能在未来的工作中始终保持积极的态度，积极探索和掌握新的技术。

第 3 章 基础知识考查

3.1 统计 & 数据分析知识

在数据分析师的面试中，对概率论与数理统计基础知识的考查是重要的组成部分，这也是作为数据分析师必备的理论基础。很多公司都会要求候选人具备统计学理论基础，在面试中也会有很多内容与之相关。在工作中，很多分析报告和制定的策略都是基于概率论与数理统计中的一些定理及方法，由此可见统计学理论基础知识的重要性。

本节将梳理在面试中经常会考查的一些概率论与数理统计的知识点，并结合实际应用来讲解，使大家深入掌握这部分知识。其中公式证明部分偏少，更多的是对知识点的理解，在面试以及实际工作中更加看重的也是对这些知识点的应用，以及其与自身工作相结合。

不同于单纯地介绍概念，本章会以问题的形式来讲解知识点，使内容更加贴近面试场景。

3.1.1 基础概念：随机变量、分布函数、概率密度函数

概率论与数理统计最基础也最核心的一个概念就是随机变量，后续章节的很多内容也是围绕着随机变量而展开的，所以要对这个概念有一定的掌握。

Q：什么是随机变量？随机变量和随机试验之间有什么关系？

在介绍随机变量之前，先介绍一下随机试验。随机试验是指在相同的条件下对某随机现象进行的大量重复观测。随机试验具有三个特点：在试验前不能断定将产生什么结果，但可明确指出或说明试验的全部可能结果是什么；在相同的条件下可重复试验；重复试验的结果是以随机方式出现的。

在日常工作、生活中会有很多随机试验的例子，最简单的例子就是掷硬币，每一次掷硬币正面或者反面朝上的概率是相同的，重复掷硬币 100 次并统计正面朝上的次数，就可以被理解为对掷硬币这一随机现象重复观测 100 次的一个随机试验。

下面举一个与实际工作结合更加紧密的例子。很多 App 会经常给用户发放优惠券，以此提升用户的活跃度，促进用户消费。用户收到优惠券后是否会使用可以被看作一种

随机现象，将所有用户的优惠券使用情况进行汇总，并计算优惠券的转化率，可以被看作一个随机试验。

“随机变量”这个概念的引入就是为了描述随机试验的结果的，通常用大写的 X 来表示，X 可能是一个单独的随机试验结果，也可能是多个随机试验结果的组合，包括结果的总和或者均值。上述例子中硬币正面朝上的次数和优惠券的转化率都可以用 X 来表示。

Q：如何区分不同的随机变量？

虽然每次随机试验的结果会有一定的随机性，但是这样的随机性是基于一定的规律而产生的，这个规律也是概率论与数理统计中所关注的，称之为“随机变量的分布”。可以根据随机变量的分布来区分不同的随机变量，后面会对一些常见的分布进行具体的讲解。通过了解随机变量的分布，就能够在试验开始前预知最终产生的结果。

Q：什么是样本？样本和随机变量之间有什么关系？

可以将样本理解为每次随机试验的结果，也称为“观测值”。根据样本量的不同，将不同的随机试验称为样本量为 n 的随机试验。

在上面的优惠券例子中，每一张优惠券的实际实用情况都可以被看作一个样本，区别于随机变量用大写的 X 表示，通常样本用小写的 x 来表示，记为 $x_1,x_2,x_3,\cdots$，可以将最终使用优惠券的用户对应的样本 x_i 记为 1；若最终没有使用优惠券，则将 x_i 记为 0。

对于优惠券的转化率这一随机变量 X，可以有两种理解方式，其中一种是将所有用户的优惠券使用情况看作一个样本量为 n 的随机试验，对应的样本为 $x_1,x_2,x_3,\cdots$，X 被视为这些样本的均值；另一种理解方式就是将每个用户的优惠券使用情况看作一个独立的样本量为 1 的随机试验，$x_1,x_2,x_3,\cdots$ 是来自相同的随机试验且相互独立的样本，X 被视为这些随机试验结果的均值。无论哪种理解方式，随机变量 X 的分布都是相同的。

Q：随机变量是怎么进行分类的？分类依据是什么？

随机变量可以分为两种：离散型随机变量和连续型随机变量。二者的区别在于所描述的随机试验所有可能的结果数量是否可数（countable）。要特别留意这里用的是“可数”，而不是“有限”。

这也是有些人在面试中容易犯的一个错误，将二者的区别错误地表达成了结果数量是否是有限的。这个问题看似不是很大，但实际上会在面试中给自己减分，体现出对基础知识掌握得不牢固。

可数的含义是，所有可能的结果是否能够按照一定的次序列举出来。比如某网站每天的用户数量，可以按照 1,2,3,…的次序列举出来，即使最终可能的结果数量是无限的，它也依然是离散型随机变量。而连续型随机变量的结果由于处于某个区间中，比如转化率可以是 [0,1] 区间中的任意值，无法按照次序列举出来，这也是二者的本质区别。

关于可数与不可数最经典的例子就是有理数与无理数。实际上，有理数的数量要远少于无理数，原因就在于前者是可数的，而后者是不可数的。有兴趣的读者可以去查阅相关资料，这里是为了让大家对是否可数有所了解。

Q：常见的离散型随机变量有哪些？它们各自有什么样的分布律？

对于离散型随机变量，通常用 $\Pr(X=x)$ 来描述某个试验结果发生的概率，也称为变量的分布律，不同的分布律对应不同的分布。下面列举一些常见的离散型随机变量的分布。

（1）伯努利分布：也称为 0−1 分布。顾名思义，每次试验的结果只有两种，“非A即B”，用 0、1 来表示。用 p 表示事件 1 发生的概率，$1-p$ 表示事件 0 发生的概率，则 $\Pr(X=1)=p, \Pr(X=0)=1-p$。最常见的例子就是掷硬币试验，将正面朝上记为 1，反面朝上记为 0，则 $\Pr(X=1)=0.5, \Pr(X=0)=0.5$。同理，对于优惠券的转化率，使用优惠券记为 1，可以近似看作一个概率为 p 的伯努利分布，$\Pr(X=1)=p$，p 就是所要关注的优惠券的转化率。

（2）二项分布：n 个重复独立的伯努利分布称为 n 重伯努利分布，也称为二项分布。重复独立表明：①每个伯努利分布事件发生的概率均为 p；②各个试验的结果相互独立，不受其他试验的结果干扰。

二项分布在工作中有比较多的应用，以发放优惠券为例，发放出去的 1000 张优惠券是否被使用可以近似看作 1000 个相互独立，且每张优惠券被使用的概率为 p 的伯努利分布所组成的二项分布，从而得到最终有 x 张优惠券被使用的概率为$\Pr(X=x)=\binom{n}{k}p^k(1-p)^{(n-k)}$。

（3）泊松分布：这是一种离散概率分布，适合描述在单位时间（或空间）内随机事件发生的次数。比如某一服务设施在一定时间内达到的人数、某网站或 App 在单位时间内访问的人数，满足分布律$\Pr(X=k)=\dfrac{\lambda^k}{k!}\mathrm{e}^{-\lambda}$，其中$\lambda$表示在单位时间（或单位面积）内随机事件平均发生的次数。很多时候，对于一些没有提前了解过的试验，都可以用泊松分布进行初步描述。

Q：常见的连续型随机变量有哪些？它们各自有什么样的概率密度函数？

对于连续型随机变量，由于试验结果在一个区间内，无法像离散型随机变量那样直接用$\Pr(X=x)$这样的分布律表示，而是要看随机变量落在某个区间的概率。

首先需要定义分布函数，通常用$F(x)$表示连续型随机变量的分布函数，$F(x)=\Pr(X\leqslant x)$，即随机变量X小于或等于x的概率。$F(x)$也称为累积分布函数（Cumulative Distribution Function，CDF）。

如果存在$f(x)$，使得$F(x)=\int_{-\infty}^{x}f(x)\mathrm{d}x$，则将$f(x)$称为概率密度函数（Probability Density Function，PDF）。

PDF 和 CDF 的概念也需要熟练掌握。以下是一些常见的连续型随机变量的分布及其概率密度函数。

（1）均匀分布：即概率密度函数在结果区间内为固定数值的分布，$f(x)=\dfrac{1}{b-a}$，$x\in[a,b]$。例如，公交车平均 30 分钟发一班车，乘客每次等车的时间x为 5 ~ 15 分钟的概率为$f(x)=\int_{5}^{15}\dfrac{1}{30-0}\mathrm{d}x=\dfrac{1}{3}$。均匀分布是比较特殊的一种分布，这种完全的随机性分布场景在实际工作中较少碰到。前面提到的随机变量的随机性都是基于一些规律的，可能会与均匀分布有些矛盾，但实际上，这种完全的随机性本身也可以看作一种规律。

如图 3-1 所示的是均匀分布的概率密度函数图形。

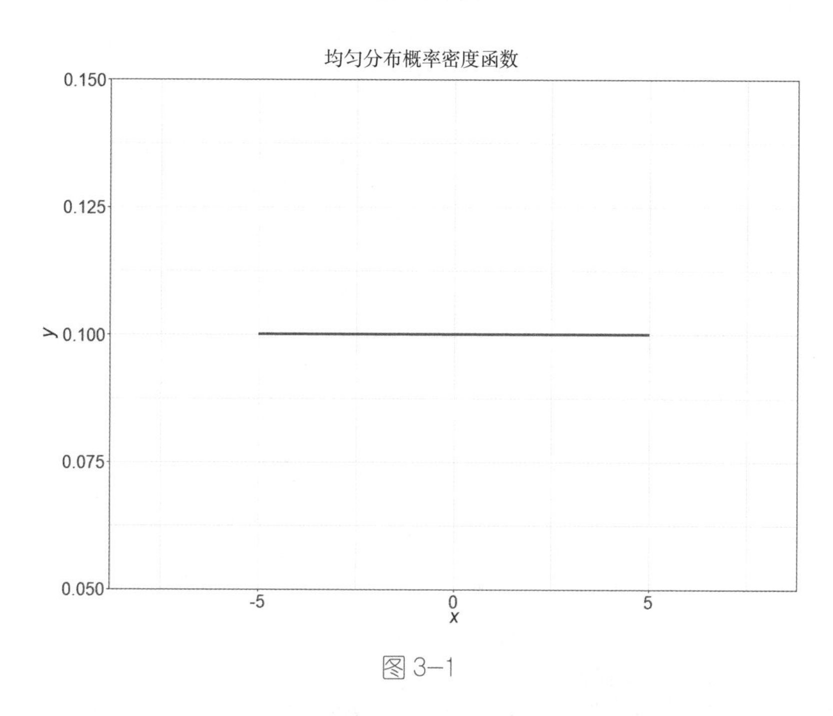

图 3-1

（2）正态分布：如果概率密度函数满足 $f(x)=\frac{1}{\sqrt{2\pi}\sigma}\mathrm{e}^{-\frac{(x-\mu)^2}{2\sigma^2}}$，则随机变量服从正态分布，其中 μ,σ 分别表示正态分布的期望和标准差。正态分布是一种比较基础的分布，在实际工作中有着比较广泛的应用。比如，数据质量监控中的 3σ 方法就是基于正态分布来完成的，并且所有的分布随着数据量的增加，其均值的分布都会逼近正态分布，这就是后面要讲到的中心极限定理。在实际工作中也会利用这一点进行相关的效果分析，由此可见正态分布的重要性。

如图 3-2 所示的是正态分布的概率密度函数图形。

（3）指数分布：描述泊松过程中事件之间的时间的概率分布，即事件以恒定的平均速率连续且独立发生的过程。$f(x)=\lambda\mathrm{e}^{-\lambda x}(x>0)$，其中 λ 对应于泊松分布中在单位时间内发生某事件的次数。指数分布有一个很大的特点，就是无记忆性，即 $P(X>t+s\mid X>t)=P(X>s)$，可以利用这个特点进行相关分析。

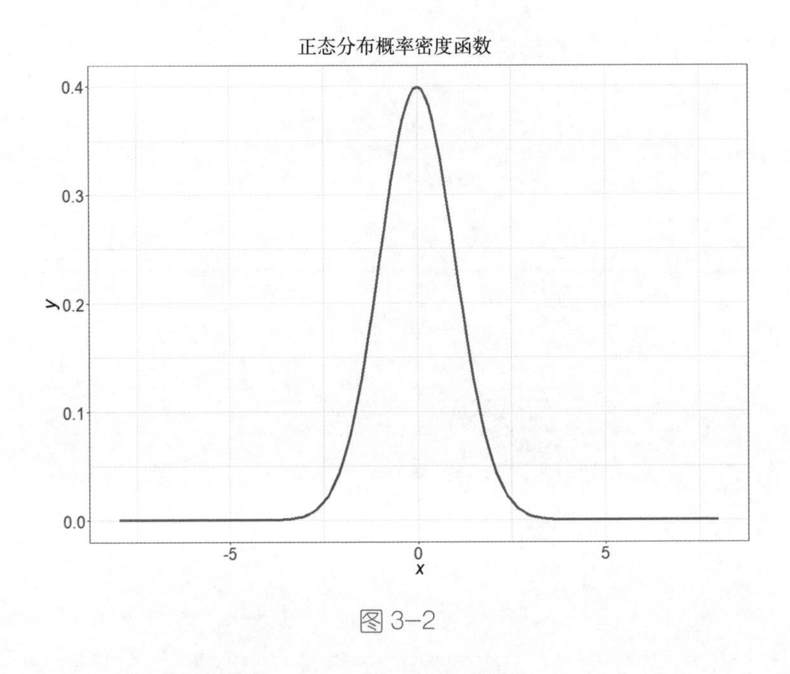

图 3-2

如图 3-3 所示的是指数分布的概率密度函数图形。

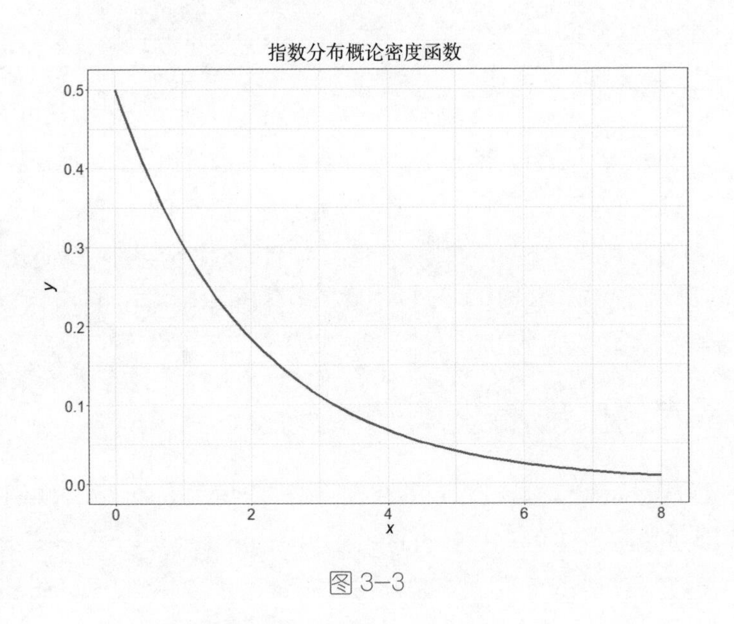

图 3-3

以上就是对随机变量、分布函数、概率密度函数的介绍，同时也介绍了一些常见的分布。这部分内容在面试中能够体现出候选者对基本的统计学知识的掌握情况，同时也是在工作中进行数据分析、数据挖掘的理论基础。

3.1.2　随机变量的常用特征

基于分布律和分布函数，可以用一些数字特征来描述随机变量，比如每次活动优惠券转化率的平均水平、波动情况等。

Q：用来描述随机变量的数字特征有哪些？

（1）期望：期望是数学期望的简称，用来表示随机变量 X 的平均水平，记为 $E(X)$。将 X 所对应的随机试验重复多次，随着试验次数的增加，X 的均值 $\bar{X}$ 会愈发趋近于 $E(X)$。

对于离散型随机变量，基于分布律 $\Pr(X=x)$，$E(X)=\sum_x x\Pr(X=x)$；对于连续型随机变量，基于概率密度函数 $f(x)$，$E(X)=\int_{-\infty}^{\infty} xf(x)\mathrm{d}x$。

（2）方差 & 标准差：方差用来刻画随机变量 X 的波动大小，方差越大，结果的未知性就会越大。通常将 X 的方差记为 $D(X)$ 或者 $\mathrm{Var}(X)$，$D(X)=E(X-E(X))^2$；求 $D(X)$ 的平方根就得到了标准差 $\sigma(X)=\sqrt{D(X)}$。对于随机变量 X，在得到了其期望与标准差之后，就可以通过公式 $X'=\frac{(X-\mu)}{\sigma}$ 得到它所对应的标准化变量。这是一种数据标准化处理的理论依据，以此统一量纲，可以进行进一步的分析或建模。

（3）分位数：对于随机变量 X，除了要关注它的期望和方差，还要关注它的某个样本 x 在整体分布中的排序情况。若 $\Pr(X \leqslant t)=\alpha$，则将 t 称为 X 的 α 分位数。若 α 等于 0.5，则将 t 称为随机变量 X 的中位数。中位数是一种特殊的分位数。有了分位数，就可以更进一步地理解随机变量 X，得到 X 在 $10\%, 20\%, \cdots, 90\%$ 这些分位数对应的数值情况。

在工作中，借鉴随机变量分位数的定义，会用到样本的分位数，它通常用来监控异常数据。例如，根据业务规则设定一个合理的分位数区间，如 $[0.05, 0.95]$，若某一样本数值没有处于历史样本的 0.05 与 0.95 分位数之间，则需要对其进行重点排查，看其是否为异常值。如果为异常值，则需要进行剔除或者修正。例如，和历史的订单量相比，当日的订单量过高或者过低，都需要进行相应的分析。

（4）协方差 & 相关系数：上面介绍的 4 个特征主要是针对单变量的，而协方差 & 相关系数则会关注两个或多个随机变量之间的关系。首先要引入联合分布的概念。假设 X、Y 是两个随机变量，如果将二维随机变量 (X,Y) 看作平面上一个随机点 (x,y) 的坐标，那么分布函数 $F(X,Y)$ 在 (x,y) 处的函数值，就是这个随机点 (x,y) 落在以点 (x,y) 为顶点且位于该点左下方的无穷矩形域内的概率，即 $F(x,y)=\Pr(X\leqslant x,Y\leqslant y)$。

有了联合分布，再介绍一下独立变量的概念。其严格的定义需要引入边缘分布函数的概念，在此做了一些简化。假设 $F(X,Y)$、$F_x(X)$、$F_y(Y)$ 分别表示 X、Y 的联合分布及其各自的分布，若满足在任意点 (x,y)，$F(x,y)=F_x(x)F_y(y)$，则 X、Y 称为相互独立的变量。

现在来看协方差和相关系数的定义。协方差通常记为 $\mathrm{Cov}(X,Y)$，$\mathrm{Cov}(X,Y)=E(X-E(X))(Y-E(Y))$，相关系数 $\rho_{xy}=\dfrac{\mathrm{Cov}(X,Y)}{\sigma(X)\sigma(Y)}$，当 X、Y 相互独立时，协方差和相关系数均等于 0，反之不成立。相关系数可以用来描述 X、Y 之间是否存在线性关系，当 $|\rho_{xy}|$ 的值接近于 1 时，说明二者之间的线性关系比较强；接近于 0 时，则表示二者之间的线性关系比较弱。

Q：随机变量 $X+Y$、XY 的期望与 X、Y 期望的关系？

关于期望，需要了解两个基本公式。对于任意两个随机变量 X、Y，都满足 $E(X+Y)=E(X)+E(Y)$。在这个公式中，对 X、Y 没有任何约束。对于独立变量 X、Y，$E(XY)=E(X)E(Y)$。在这个公式中，X、Y 一定是独立的变量，反之不一定成立。若 $E(XY)=E(X)E(Y)$，则只能表明 X、Y 是不相关的，不能表明 X、Y 是相互独立的。关于不相关和独立的区别，后面会进行讲解，这也是在面试中经常被问到的问题。

Q：分布的期望和中位数的大小关系？

分布的期望和中位数的大小关系根据分布的不同而变化。如图 3-4、图 3-5 和图 3-6 所示的是三种随机变量的分布函数图形，分别代表了中位数等于期望、中位数小于期望、中位数大于期望的情形。

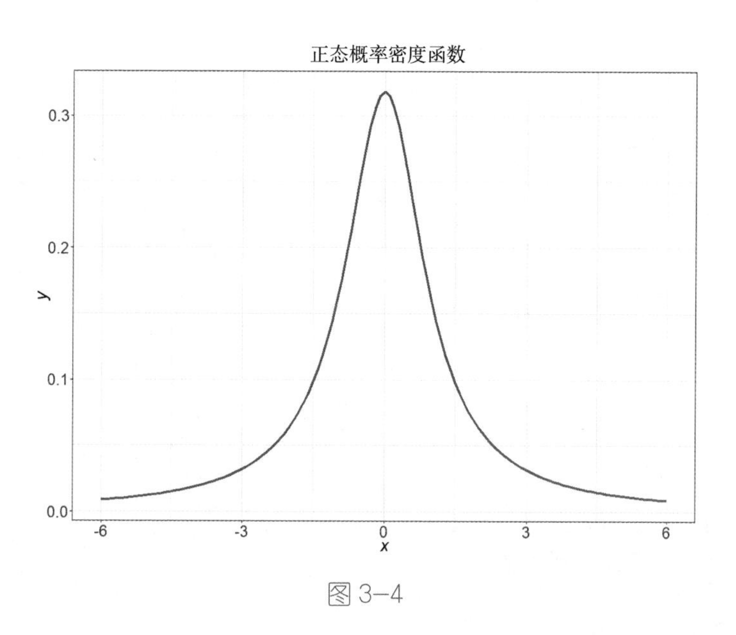
正态概率密度函数
0.3
0.2
0.1
0.0
y
-6
-3
0
3
6
x

图3-4

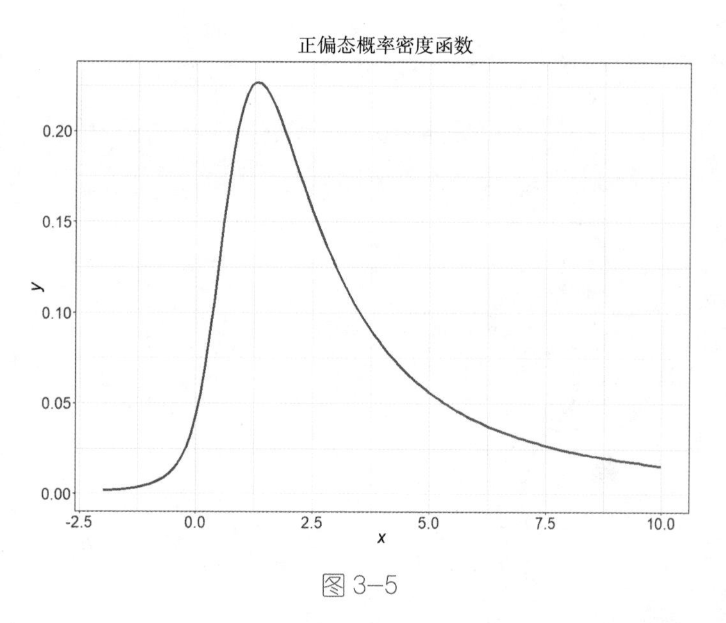
正偏态概率密度函数
0.20
0.15
0.10
0.05
0.00
y
-2.5
0.0
2.5
5.0
7.5
10.0
x

图3-5

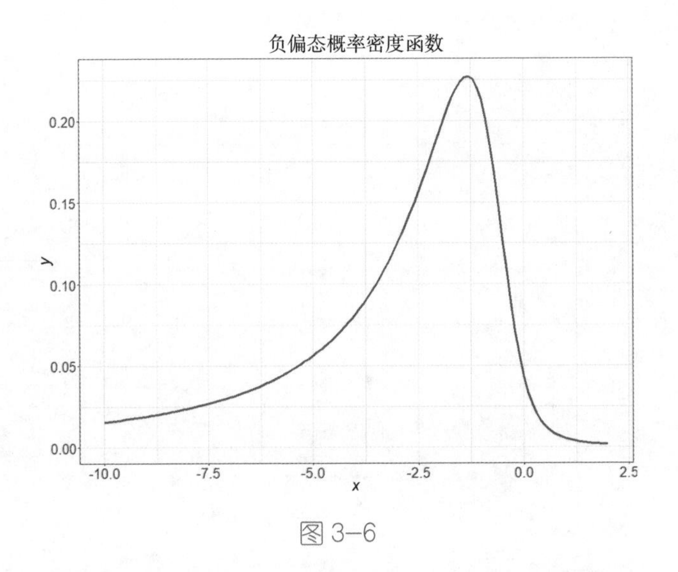

图 3-6

可以看到，在正偏态的情况下，中位数小于期望；在正态的情况下，中位数和期望相等；在负偏态的情况下，中位数大于期望。面试时，如果需要阐述期望和中位数的区别，可以用这些图来举例说明。

Q：简述变量独立与变量不相关的区别。

用通俗的话来讲，不相关就是指两者没有线性关系，但是不排除其他关系的存在；独立就是指二者互不相干，没有关联，例子如图 3-7 所示。

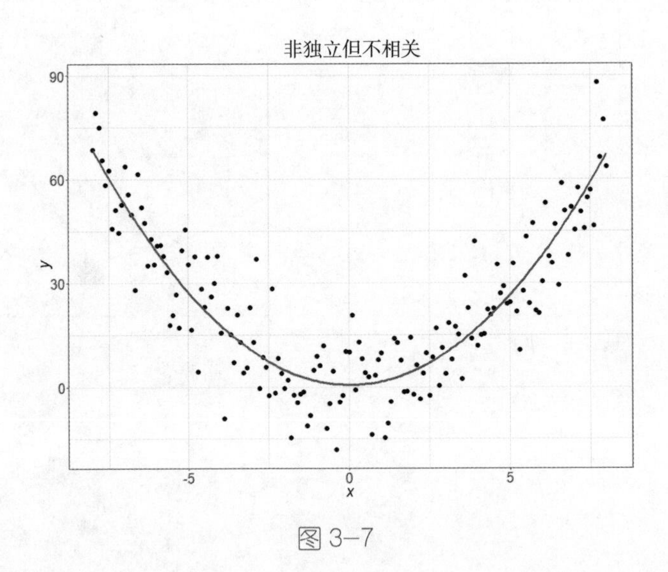

图 3-7

图 3–7 中的 x 与 y 显然存在一定的关联，并非独立的。x^2 与 y 之间会呈现明显的线性关系，但是 x 与 y 之间不存在线性关系，相关系数的绝对值接近于 0，但是不能说二者是独立的。通过这个例子可以加深对变量独立与变量不相关区别的理解，二者实际上是一种包含关系，如图 3–8 所示。

图 3–8

Q：常见分布的期望和方差是什么？

这个问题在面试中可能不会以这种形式被问到，但是掌握它们对相关内容的学习有很大的帮助作用。

对于离散型随机变量，如表 3–1 所示。

表 3–1

分　布	分 布 律	期　望	方　差
伯努利分布	$\Pr(X=1)=p$，$\Pr(X=0)=1-p$	p	$p(1-p)$
二项分布	$\Pr(X=x)=\binom{n}{k}p^k(1-p)^{(n-k)}$	np	$np(1-p)$
泊松分布	$\Pr(X=x)=\dfrac{\lambda^k}{k!}\mathrm{e}^{-\lambda}$	λ	λ

对于连续型随机变量，如表 3–2 所示。

表 3–2

分　布	概率密度函数	期　望	方　差
均匀分布	$f(x)=\dfrac{1}{b-a}$	$\dfrac{a+b}{2}$	$\dfrac{(b-a)^2}{12}$
正态分布	$f(x)=\dfrac{1}{\sqrt{2\pi}\sigma}\mathrm{e}^{-\frac{(x-\mu)^2}{2\sigma^2}}$	μ	σ^2
指数分布	$f(x)=\lambda\mathrm{e}^{-\lambda x}(x>0)$	$\dfrac{1}{\lambda}$	$\dfrac{1}{\lambda^2}$

3.1.3 正态分布与大数定律、中心极限定理

上面梳理了概率论中常见的一些理论知识，下面会侧重讲解在统计与数据分析工作中应用比较广泛的一些定律、定理及概念。

正态分布也称“常态分布”，又名“高斯分布”，在实际工作中使用得最多，也是面试中考查的重点。正态分布的概率密度函数图形如图 3–9 所示。

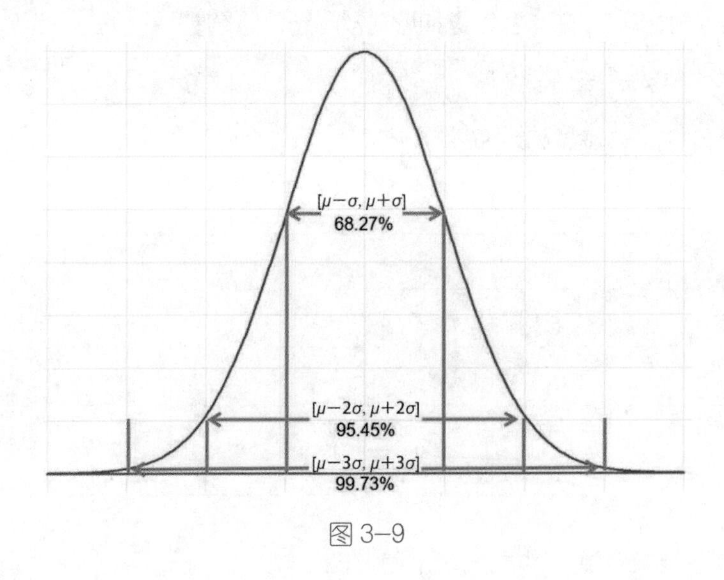

图 3–9

Q：正态分布的基本特性是什么?

从图 3–9 所示的正态分布的概率密度函数图形可以看出，正态分布是一种非偏态的分布，概率密度函数图形以期望为中心左右对称，期望与中位数大小相等。另外，在正态分布中，概率密度值出现“中间高，两边低”的情形，使得大部分样本都会落在期望值周围，也因此引出了 3σ 相关问题。

Q：3σ 方法与正态分布之间存在怎样的关联?

68.27%、95.45%、99.73% 的概率会使样本分别落在$[\mu-\sigma,u+\sigma]$、$[\mu-2\sigma,u+2\sigma]$、$[\mu-3\sigma,u+3\sigma]$区间。3σ 就是基于此而产生的，在有些面试中也会对这个概念进行考查。样本落在 3σ 之外的概率只有 0.27%，这部分误差不再属于随机误差，而是粗大误差，

应该将这部分数据予以剔除。

接下来介绍大数定律。大数定律的核心在于将随机变量 X 所对应的随机试验重复多次，随着试验次数的增加，X 的均值 $\bar{X}$ 会愈发趋近于 $E(X)$。不同的大数定律会从不同的角度来阐述，下面进行详细介绍。

（1）辛钦大数定律：设 $X_1,X_2,\cdots,X_n,\cdots$ 是一组独立同分布的随机变量，$E(X)=\mu$，满足：$\lim_{n\to\infty}P(|\frac{1}{n}\sum_{i=1}^{n}X_i-\mu|<\varepsilon)=1$，或者设 $X_1,X_2,\cdots,X_n,\cdots$ 是一组独立同分布的随机变量，$E(X)=\mu$，$X'=1/(X_1+X_2+\cdots+X_n+\cdots)$ 依概率收敛于 μ（依概率收敛的具体定义不在本书的讨论范围内）。

（2）伯努利大数定律：设 μ 是 n 次独立试验中事件 A 发生的次数，且事件 A 在每次试验中发生的概率为 P，则对任意正数 ε，有公式：$\lim_{n\to\infty}P(|\frac{\mu_n}{n}-p|<\varepsilon)=1$。不难看出，伯努利大数定律是辛钦大数定律的一种特殊形式，如果辛钦大数定律中的 $X_1,X_2,\cdots,X_n,\cdots$ 为特定的伯努利二次分布式，就可以得到伯努利大数定律。

（3）切比雪夫大数定律：设 $X_1,X_2,\cdots,X_n,\cdots$ 是一组相互独立的随机变量（或者两两不相关），它们分别存在期望 $\mu_1,\mu_2,\mu_3,\cdots$ 和方差 $\sigma_1,\sigma_2,\sigma_3,\cdots$。若存在常数 C，使得：$\sigma_k\leqslant$ C，$k=1,2,3,\cdots$，则对于任意小的正数 ε，满足：$\lim_{n\to\infty}P(|\frac{1}{n}\sum_{k=1}^{n}X_k-\frac{1}{n}\sum_{k=1}^{n}EX_k|<\varepsilon)=1$。

相比于辛钦大数定律和伯努利大数定律，切比雪夫大数定律不要求同分布，只要求独立或者不相关，因此具有更强的广泛性。在面试中不太可能会问特别多的大数定律的细节，包括证明，而是会让简述常见的大数定律的特性，以及相互之间的区别。

Q：简述常见的大数定律，以及它们之间的区别。

表 3–3 对三个大数定律做了概括。

在介绍完大数定律后，下面重点讲解中心极限定理。

设一组随机变量 $X_1, X_2, \cdots, X_n, \cdots$ 独立同分布，并且具有有限的数学期望和方差，

$E(X_i)=\mu$，$D(X_i)=\sigma^2$ (i=1,2,3,…)，定义 $\overline{X}_n=\frac{\sum_{i=1}^{n}X_i}{n}$，$F_n(x)=P(\frac{\overline{X}_n-\mu}{\sigma/\sqrt{n}}\leqslant x)$，则满足：

$\lim\limits_{n\to\infty}F_n(x)=\frac{1}{\sqrt{2\pi}}\int_{-\infty}^{x}\mathrm{e}^{-\frac{t^2}{2}}\mathrm{d}t$。

表 3-3

定　律	分布情况	期　望	方　差	总　结
辛钦大数定律	相互独立且同分布	相同	相同	估算期望
伯努利大数定律	二项分布	相同	相同	频率等于概率
切比雪夫大数定律	相互独立或不相关	存在	存在	估算期望

定义有些抽象，仔细观察最后的等式，可以发现等号右边是标准的正态分布的分布函数，显然中心极限定理和正态分布有着密不可分的关系。在面试中通常会要求对中心极限定理进行阐述，考查候选人是否真的理解了中心极限定理。

Q：简述中心极限定理。

可以按照下面的方式，用通俗的语言对中心极限定理进行阐述。

设 $X_1, X_2, \cdots, X_n, \cdots$ 是一组独立同分布的随机变量，$E(X_i)=\mu$，$D(X_i)=\sigma^2$ (i=1,2,3,…)，当 n 足够大时，均值 $\overline{X}=\frac{\sum_{i=1}^{n}X_i}{n}$ 的分布接近于正态分布 $N(\mu,\sigma^2/n)$，将 $\overline{X}$ 进行标准化处理，就可以得到 $X'=\frac{\overline{X}-\mu}{\sigma/\sqrt{n}}$ 接近于 $N(0,1)$ 的标准正态分布。

也可以按照下面的方式来阐述。

假设有来自同一个随机试验的一组样本 $x_1, x_2, \cdots, x_n, \cdots$，随机变量 X 表示样本的均值，$X=\overline{x}_n=\frac{\sum_{i=1}^{n}x_i}{n}$。随着样本数量的增加，$X$ 的分布愈发趋近于正态分布。

现在通过掷硬币试验来解释中心极限定理。假设进行 10 000 次试验，每次试验需

要掷硬币 n 次，正面朝上记为 1，反面朝上记为 0，用 x_hat 表示 n 次结果的平均值，通过概率密度拟合曲线来观察不同 n 对应的 10 000 个 x_hat 值的分布。

当 n=1 时，概率密度拟合曲线如图 3−10 所示。

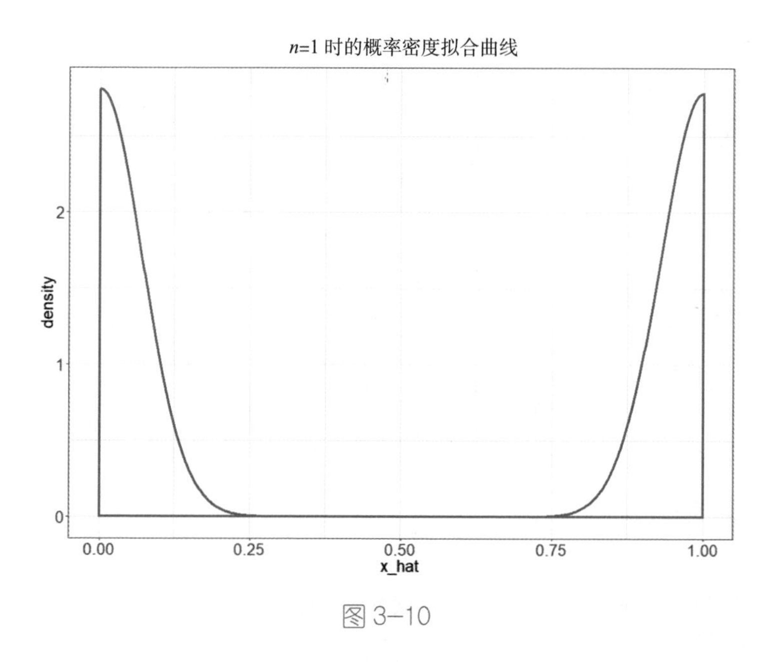

图 3−10

此时掷硬币的结果非 0 即 1，概率密度拟合曲线出现“两边高，中间低”的形状。当 n 取 10,100,1000 时，概率密度拟合曲线分别如图 3−11、图 3−12、图 3−13 所示。

可以看到，当 n=10 时，已经开始出现“中间高，两边低”的形状；当 n=100 时，形状已经基本接近正态分布的概率密度函数曲线；当 n=1000 时，形状接近方差更小的正态分布的概率密度函数曲线。

通过这种图示表述，可以更进一步地了解中心极限定理。

中心极限定理表明，随着试验次数的增加，一组独立同分布的变量的均值可以近似看作服从正态分布，且方差也会随着次数的增加而变小。

这就使得对于一组量足够大的样本，无论其原本服从什么分布，最终都能转化成正态分布。在互联网公司中，针对某一随机试验通常会产生大量的样本，以此为基础，再结合下面将要介绍的假设检验，就构成了 AB 测试所需的理论依据。

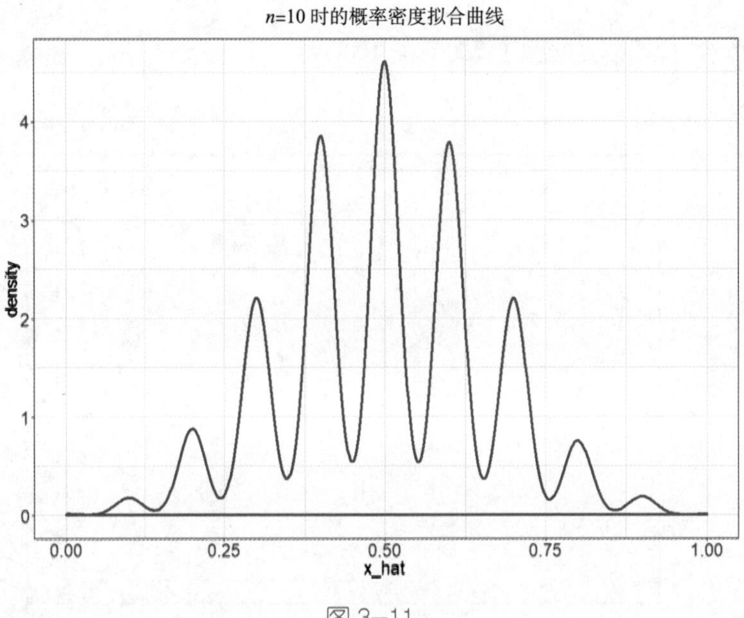

图 3-11

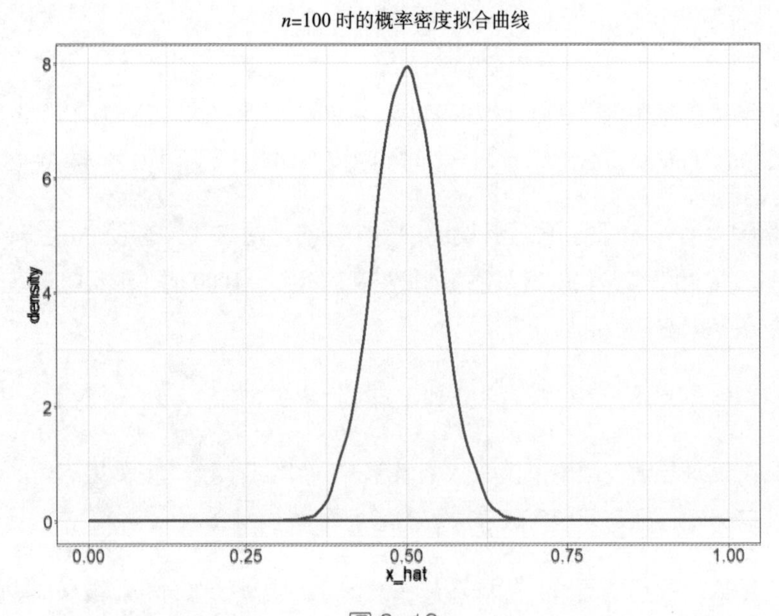

图 3-12

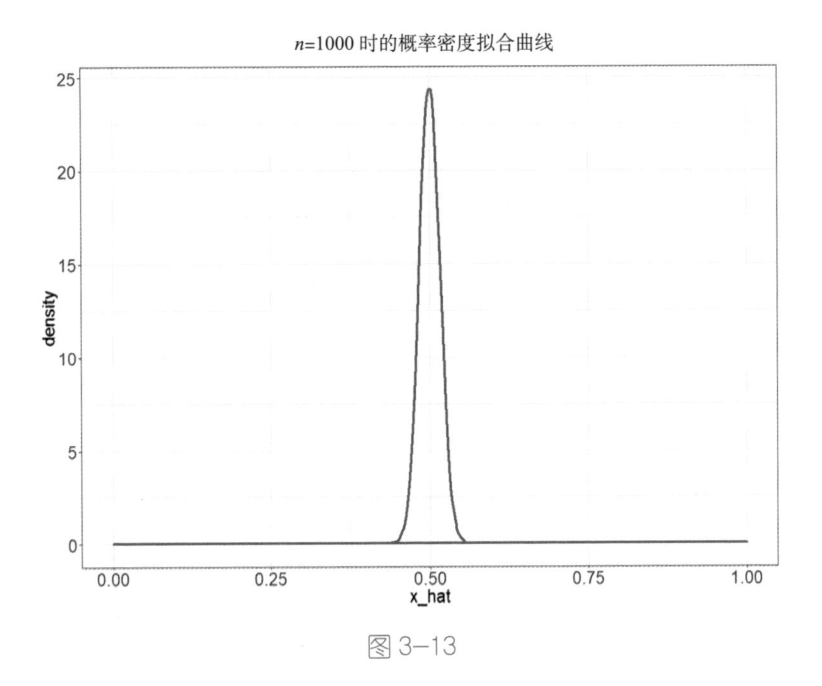

图 3-13

3.1.4 假设检验

在数据分析工作中，通常需要对一些项目或者产品的效果进行分析，判断新功能上线后是否会带来负面影响。在分析过程中，需要对假设检验有一定的了解。下面就对假设检验进行详细介绍。

假设检验是推论统计中用于检验统计假设的一种方法。比如有两组样本 $x_1,x_2,x_3,\cdots$ 和 $y_1,y_2,y_3,\cdots$，已知两组样本分别来自正态分布 X 和 Y，现在需要证明两组样本对应的正态分布的均值是否相同。这个问题就可以被看作假设检验的问题。

关于假设检验，首先需要明确原假设和备择假设的区别。这也是一个重要的问题，但是往往会被大家所忽视。

Q：在假设检验中，原假设和备择假设常用的划分方法是什么?

通常将原假设记为 H_0，备择假设记为 H_1。需要注意的是，备择假设实际上是我们真正需要关心和证明的。因此，H_0 与 H_1 的选择是基于实际的需要，不是随机选择的。

还有一个需要了解的概念是检验统计量。检验统计量是用于假设检验计算的统计量，基于样本检验统计量的值来接受或者拒绝原假设。在原假设成立的情况下，检验统计量服从一个特定的分布；而在备择假设成立的情况下，则不服从该分布。常用的检验统计量有 t 统计量、z 统计量等。

关于假设检验，在真正开始实施前，需要先理解其基本思想。在面试中经常会考查假设检验的基本思想。

Q：简述假设检验的基本思想。

通过证明在原假设成立的前提下，检验统计量出现当前值或者更为极端的值属于“小概率”事件，以此推翻原假设，接受备择假设。

上面是比较通俗的阐述，下面将其理论化。“检验统计量出现当前值或者更为极端的值”的概率就是常用的 p-value，p-value 的概念在面试中经常被问到；“小概率”的定义是将 p-value 与预先设定的显著性水平 α 进行对比，如果 p-value 小于 α，就可以推翻原假设。

因此，更为严谨的阐述应该是：通过证明该样本对应的 p-value 小于 α，以此推翻原假设，接受备择假设。

关于假设检验，需要明确两类错误。

Q：解释假设检验中的两类错误。

第一类错误是指在原假设成立的情况下错误地拒绝了原假设；第二类错误则相反，指没有成功地拒绝不成立的原假设，如表 3-4 所示。

表 3-4

检验情形	原假设成立	原假设不成立
接受原假设	正确	第二类错误：β
拒绝原假设	第一类错误：α	正确

Q：在假设检验中，如何平衡两类错误？

在假设检验的过程中，通常会预先设定犯第一类错误的上限，也就是定义显著性水平 α，$1-\alpha$ 被称为置信度。通常会将 α 设定为 5%，在一些要求比较严格的检验中，也会设定为 1%，这取决于业务的实际要求。如前面所讲，当样本对应的 p-value 小于 α 时，原假设会被拒绝。

在显著性水平固定的情况下，需要减少第二类错误 β 发生的概率。$1-\beta$ 对应于规避第二类错误的概率，用 power 表示，也称为检验效能。power 的大小可以通过增加样本量来提高，通常需要 power 达到 80% 或者更高的水平。

通过预先设定的显著性水平和检验效能，可以计算出完成试验所需要的最小样本量。这一点会在第 5 章的 AB 测试部分进行详细讲解。

Q：简述假设检验中的 p-value、显著性水平、置信度、检验效能。

- p-value：在原假设成立的前提下，检验统计量出现当前值或者更为极端的值的概率。
- 显著性水平：在假设检验中，犯第一类错误的上限，用 α 表示。
- 置信度：用 $1-\alpha$ 表示检验的置信度。
- 检验效能：规避第二类错误的概率，用 power 表示。

关于假设检验，有很多常用的基于正态分布的检验方法，如 z 检验和 t 检验等。

Q：z 检验和 t 检验之间有什么区别？

（1）z 检验：假设 $x_1, x_2, x_3, \cdots$ 是一组来自正态分布的样本，已知方差为 σ，现在要判断该正态分布的均值 μ 是否等于 μ_0。

$H_0: \mu=\mu_0$

$H_1: \mu \neq \mu_0$

此时，在 H_0 成立的前提下，需要构造检验统计量。该检验要求的显著性水平为 α，显然在 H_0 成立的前提下，$\bar{X}=\frac{\sum_{i=1}^{n} x_i}{n}$ 服从 $N(\mu_0, \frac{\sigma^2}{n})$ 的正态分布。若该检验统计量的值最终落在[$\frac{\alpha}{2}, 1-\frac{\alpha}{2}$]分位数之外，则表明p−value小于$\alpha$，可以拒绝原假设；反之，则无法拒绝原假设。

（2）t检验：相比于z检验，t检验无须提前获知方差的大小，它用样本的方差代替z检验中已知的方差构造检验统计量$X' = \frac{\hat{X} - \mu_0}{s / \sqrt{n}}$，$s = \sqrt{\frac{\sum_{x=1}^{n}(x_i - \bar{X})^2}{n-1}}$服从$n-1$的$t$分布。同理，若检验统计量的值落在[$\frac{\alpha}{2}, 1-\frac{\alpha}{2}$]分位数之外，则可以拒绝原假设。

以上就是假设检验的一些基本概念介绍，后面会在第5章的AB测试部分将假设检验与中心极限定理相结合，阐述其在AB测试中的应用。

3.1.5 贝叶斯统计概览

贝叶斯统计是统计学中非常重要的一个组成部分，在面试中会对其所涉及的概念进行考查。实际上，贝叶斯理论是一个非常复杂的体系，很多学校的统计专业都会专门开一门课来讲解贝叶斯理论，而本书只选择其中最基础的部分以及与面试关联度比较高的内容进行介绍，让大家对贝叶斯理论有一个大致的了解。

前面所讲的实际上都是频率派统计的内容，而贝叶斯统计则是与频率派统计有所区别的一个统计学派。

Q：频率派与贝叶斯派的统计思想有什么区别？

在频率派的观点中，样本所属的分布参数θ虽然是未知的，但是固定的，可以通过样本对θ进行预估得到$\hat{\theta}$。

贝叶斯派则认为参数θ是一个随机变量，不是一个固定的值，在样本产生前，会基于经验或者其他方法对θ预先设定一个分布$\pi(\theta)$，称为“先验分布”。之后会结合所产生的样本，对θ的分布进行调整、修正，记为$\pi(\theta|x_1, x_2, x_3, \cdots)$，称为“后验分布”。

贝叶斯统计的很多内容都是按照先验分布和后验分布而展开的，在贝叶斯统计思想中，很重要的一部分就是基于已经产生的样本调整分布，其中应用了一个重要的概念：条件概率。

Q：用简洁的话语解释条件概率。

条件概率是指事件A在事件B已经发生的条件下发生的概率。条件概率表示为$P(A|B)$，读作“在B的条件下A的概率”。$P(A|B)=\frac{P(AB)}{P(B)}$，其中$P(AB)$表示A、B同时发生的概率，而$P(B)$则表示B发生的概率。

我们用贝叶斯统计思想来理解条件概率——B表示产生的样本，A表示参数，$P(A)$是A的先验概率值，$P(A|B)$是在样本B产生后A的后验概率值。可见，条件概率和贝叶斯统计思想是紧密相关的。

在了解了条件概率后，我们来学习贝叶斯公式。实际上，贝叶斯统计的主要思想就是基于贝叶斯公式而产生的。

Q：解释贝叶斯公式和全概率公式。

贝叶斯公式实际上是用来计算$P(A|B)$的大小的。在上面条件概率的介绍中，已知$P(A|B)=\frac{P(AB)}{P(B)}$，通过推导可得：$P(AB)=P(A)P(B|A)$。

假设事件A服从离散分布，将事件A的所有可能结果记为$A_1,A_2,A_3,\cdots$，则$P(A_1|B)+P(A_2|B)+P(A_3|B)+\cdots=1$，其中$P(A_1),P(A_2),P(A_3)\cdots$是基于A的先验分布得到的概率值，两边同时乘以$P(B)$，就可以得到$P(A_1)P(B|A_1)+P(A_2)P(B|A_2)+P(A_3)P(B|A_3)+\cdots=P(B)$，这就是全概率公式。同理，可以推导出连续分布的全概率公式，这里不再赘述。

因此，$P(A_i|B)=\frac{P(A_iB)}{P(B)}$就可以转化为$P(A_i|B)=\frac{P(A_i)P(B|A_i)}{\sum_j P(A_j)P(B|A_j)}$。这就是应用广泛的贝叶斯公式的离散形式，其连续形式可以按照相同的思路得到。通过贝叶斯公式，将后验分布的概率值计算转换为先验分布的概率值计算和条件概率问题。

关于贝叶斯公式，在面试中会更多地考查它的实际运用，比如最经典的三门问题。

Q ：什么是三门问题？用贝叶斯公式进行解释。

三门问题源自美国的一档电视节目，讲的是：在三扇门中有一扇门里是车，其他两扇门里是羊，目标是选中后面是车的那扇门。参与者首先从三扇门中选择一扇门，之后主持人会根据参与者的选择打开一扇门，如果参与者选择了一扇有羊的门，主持人必须打开另一扇有羊的门；如果参与者选择了一扇有车的门，主持人随机在另外两扇有羊的门中打开一扇门。示意图如图3-14所示。

图 3-14

此时一个关键的问题是，主持人打开门后，参与者选择是否要换成另一扇未被打开的门，并且计算出参与者选择换或者不换是车的概率，实际的结果会有悖于大家的认知，选择换最终是车的概率为$\frac{2}{3}$，不换则为$\frac{1}{3}$，这是因为已经有了打开一扇有羊的门的样本。下面用贝叶斯公式来解释这个问题。

设 A_i 表示参与者选择的门，A_j 表示主持人打开的门，A_k 表示剩下的一扇未被打开的门，最后要计算的是 $P(A_i 是车 | A_j 被打开)$ 和 $P(A_k 是车 | A_j 被打开)$。

$P(A_i 是车 | A_j 被打开)=$

$$\frac{P(A_i 是车)P(A_j 被打开 | A_i 是车)}{P(A_i 是车)P(A_j 被打开 | A_i 是车)+P(A_i 是羊)P(A_j 被打开 | A_i 是羊)}=\frac{\frac{1}{3}\times\frac{1}{2}}{\frac{1}{3}\times\frac{1}{2}+\frac{1}{3}\times 1}=\frac{1}{3}$$

$P(A_k 是车 | A_j 被打开)=$

$$\frac{P(A_k 是车)P(A_j 被打开 | A_k 是车)}{P(A_k 是车)P(A_j 被打开 | A_k 是车)+P(A_k 是羊)P(A_j 被打开 | A_k 是羊)}=\frac{\frac{1}{3}\times 1}{\frac{1}{3}\times\frac{1}{2}+\frac{1}{3}\times 1}=\frac{2}{3}$$

此时就可以得到 A_k 是车的概率为$\frac{2}{3}$，大于 A_i 的$\frac{1}{3}$，显然应该选择换门。造成这一差异最大的原因在于，$P(A_j$ 被打开 $|A_i$ 是车) 和 $P(A_j$ 被打开 $|A_k$ 是车) 这两个条件概率值存在差异。

下面通过一个模拟试验来验证这个结果。假设有 10 000 次机会参加游戏，方案 A 始终选择不换门，方案 B 选择换门，对比两种方案，第 x 次的平均成功率如图 3–15 所示。

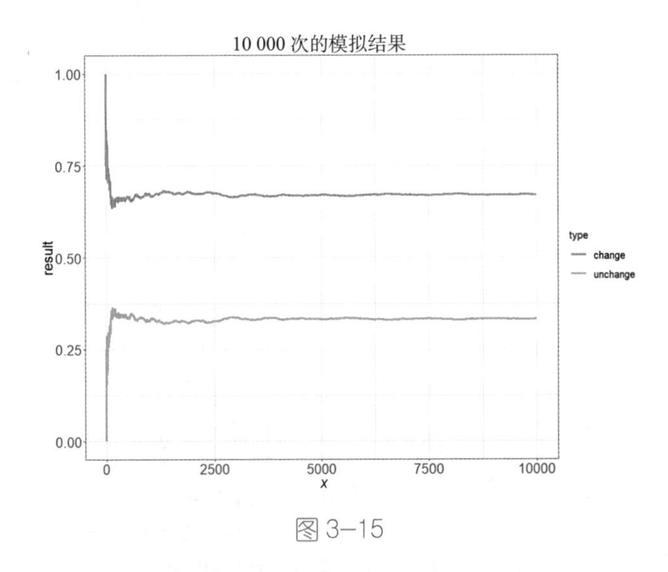

图 3–15

关于贝叶斯统计思想，最需要掌握的就是全概率公式和贝叶斯公式的实际运用。比如一所学校男生占$\frac{1}{3}$，女生占$\frac{2}{3}$，男、女生穿校服的比例分别是$\frac{1}{2}$和$\frac{2}{3}$。现在看到一个穿校服的学生，请问其是男生的概率是多少？对于这种情况，只需要贝叶斯公式，代人即可。

$$P(\text{学生为男生} \mid \text{穿校服})=\frac{P(\text{男生且穿校服})}{P(\text{穿校服})}$$

$$=\frac{P(\text{男生})P(\text{男生穿校服})}{P(\text{男生})P(\text{男生穿校服})+P(\text{女生})P(\text{女生穿校服})}$$

$$=\frac{\frac{1}{3}\times\frac{1}{2}}{\frac{1}{3}\times\frac{1}{2}+\frac{2}{3}\times\frac{2}{3}}=\frac{3}{11}$$

本节内容总结如图 3-16 所示。

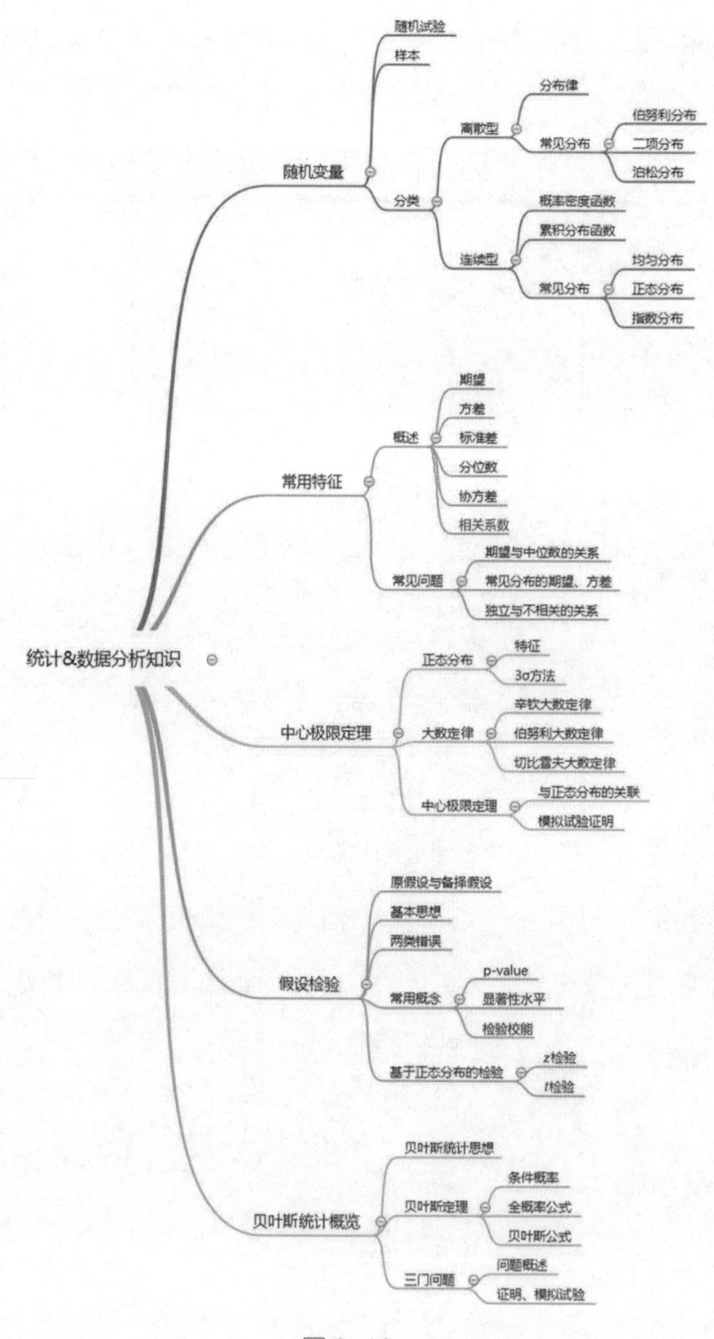

图 3-16

3.2　模型 & 数据挖掘知识

随着数据挖掘和机器学习技术的发展，越来越多的数据分析师岗位对这些技术有所要求，在工作中数据挖掘的应用比例也在逐渐增加。本节将介绍一些常见的数据挖掘模型以及评估方法，旨在提高候选人在面试中的竞争力。

3.2.1　数据挖掘常用概念

数据挖掘的核心在于建模。建模是指利用模型学习已知结果的数据集中的变量特征，并通过一系列方法提高模型的学习能力，最终对一些结果未知的数据集输出相应的结果。我们可以将数据挖掘模型的表达形式简化为 $y=f(x)$，其中 x 是样本的一些特征，y 是最终输出的结果。

举个例子来说，现在公司需要对未来几天的订单量进行预测，此时已知的数据包括最近几天的订单数据、去年同期的订单数据以及未来几天的活动力度，这些都被称为特征，作为模型的输入项，而最终预测的订单量就是输出的结果。

Q：在数据挖掘中数据集分为哪几类?

在数据挖掘中，通常将数据集分为三类:训练集、验证集和测试集，如图 3-17 所示。

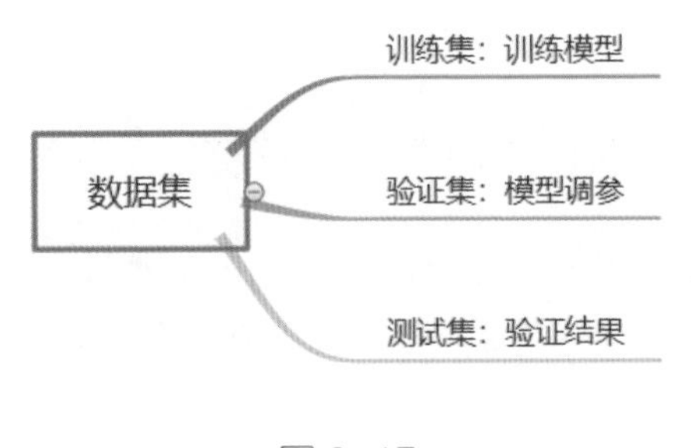

图 3-17

训练集：结果已知，用于模型训练拟合的数据样本，在实际应用中这部分数据往往会占总体样本的 70% ~ 80%。

验证集：结果已知，不参与模型的训练拟合过程，用于验证通过训练集得到的模型效果，同时对模型中的超参数进行选择。

测试集：结果未知，最终利用模型输出结果的数据集。

这三部分构成了模型的整体数据集。模型上线后，输出模型在测试集上的结果，并与最终的实际结果进行对比。测试集后续可以转化为训练集或者验证集，实现模型的不断迭代和优化。

Q：简述参数和超参数之间的区别。

模型中同时有参数和超参数，二者最大的区别在于参数是通过模型对训练集的拟合获得的，如最简单的线性回归模型 $y=ax+b$ 中的 a、b 分别表示的斜率和截距，就是通过模型训练获得的，该模型就是典型的参数模型。

而超参数无法通过模型训练获得，在模型训练前需要人为地给出超参数，如决策树模型的深度、随机森林模型中树的数量等，它们只能通过在验证集中进行验证，并进行最终的选择。

在数据挖掘项目中，模型调参是一个非常重要且比较耗时的工作。实际上，调参指的是调整超参数。很多时候，需要针对一些复杂的模型（如神经网络模型）进行大量的调参工作，而且需要对其所带来的效果提升与调参工作量进行权衡。在学习、竞赛中，要尽量选择效果最好的模型；而在工作中，则会综合考虑模型效果、实现的复杂度以及时间等来进行选择。

Q：选择更加复杂的模型进行调参是否能有更好的结果？

答案是否定的。随着模型复杂度的增加，会使模型出现过拟合现象，这同样会导致误差的增加。过拟合是一个非常重要的概念，与之对应的是欠拟合。下面的问题在面试中经常出现。

Q：简述过拟合和欠拟合。

这个问题的切入点应该是偏差和方差，在偏差和方差的阐述中引入过拟合和欠拟合。模型的误差（error）是由偏差和方差相加而成的，可以参考图 3-18 来理解偏差和方差。

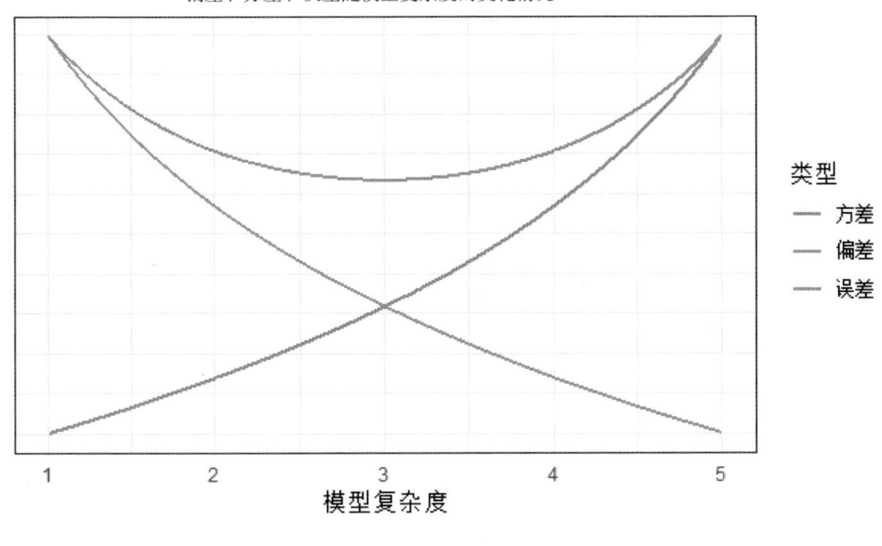

图3–18

偏差（bias）反映了模型在训练集样本上的期望输出与真实结果之间的差距，即模型本身的精准度，反映的是模型本身的拟合能力。偏差过高反映了模型存在欠拟合现象，表明模型过于简单，没有很好地拟合训练集变量之间的特征，需要进一步提升模型的复杂度。

方差（variance）反映了模型在不同的训练集下得到的结果与真实结果之间误差的波动情况，即模型的稳定性。由于训练集中会存在噪声，并且该噪声不具有通用性，不同的训练集中会有不同的噪声，当模型过于复杂时，也会大量学习训练集中的噪声，最终导致模型泛化能力变差，这就是过拟合产生的原因。

模型训练所要做的就是平衡过拟合和欠拟合，通过在验证集中的验证工作，选择合适的超参数，最终降低误差。

这一部分主要讲解了数据挖掘中的一些基本概念，包括数据集的划分、参数与超参数的区别，以及过拟合与欠拟合现象，在面试中需要格外注意这些内容，能够用通俗易懂的语言进行阐述。

3.2.2 常见的模型分类方法

比较通用的模型分类方法是根据训练样本是否带有标签分为监督学习和非监督学习。

Q：阐述监督学习和非监督学习的区别。

训练数据既有特征（feature），又有标签（label），则称为监督学习。通过训练，让机器可以自己找到特征和标签之间的联系，针对只有特征没有标签的数据，即此前提到的测试集，可以通过模型获得标签。

根据标签是连续的或者离散的，分为预测（prediction）问题和分类（classification）问题。需要注意的是，这里的离散和连续的区分依据是标签数量是否可数，而非是否有限（关于可数，在前面的章节中介绍过）。

在非监督学习的数据集中只有特征，没有标签，通过数据之间的内在联系和相似性将样本划分成若干类，称为聚类（clustering），或者对高维数据进行降维（dimension reduction）。

这里需要搞清楚分类和聚类的区别。分类是指在监督学习中，在标签可数的情况下判断结果所属的类别；而聚类则是指在非监督学习中，通过数据之间的内在联系和相似性将样本划分成若干类。

根据上述分类方法，对一些常见的模型进行分类，如表 3–5 所示。

表 3–5

监督学习	非监督学习
预测问题：线性回归模型、时间序列模型、神经网络模型	聚类问题：K–Means 聚类模型、DBSCAN 聚类模型、E–M 聚类模型
分类问题：逻辑回归模型、SVM 模型、决策树模型、随机森林模型、Boosting 模型	降维问题：PCA（主成分分析法）模型

在数据挖掘中，模型也可以分为参数模型和非参数模型。

Q：阐述参数模型和非参数模型的区别及各自优缺点。

在此前的内容中，将机器学习模型简化为了 $y=f(x)$ 的问题，参数模型中的 $f(x)$ 形式在训练前就已经确定，如线性回归模型在训练前就会确定 $y=a_0+a_1x_1+a_2x_2+\cdots$ 这样的形式。而非参数模型在训练前并没有对目标函数限定其形式，它是通过训练不断修改目标函数的形式的。

常见的参数模型包括线性回归模型、逻辑回归模型、朴素贝叶斯模型。其优点是具有很强的可解释性、模型学习和训练相对快速，以及对数据量的要求比较低，不需要特别大的训练集。其缺点是需要提前对目标函数做出假设，而现实中的问题是很难真正应用某一目标函数的，特别是一些复杂的问题，无法用参数模型得到很好的训练拟合。并且参数模型的复杂度往往偏低，容易产生欠拟合现象。

不同于参数模型，非参数模型对目标函数的形式不做过多的假设，学习算法可以自由地从训练数据中学习任意形式的函数。由于不存在模型的错误假定问题，可以证明，当训练数据量趋于无穷大时，非参数模型可以逼近任意复杂的真实模型，因此在数据量大、逻辑复杂的问题中效果好于参数模型。

但是在非参数模型中有很多超参数需要选择，因此与参数模型相比，非参数模型会变得更加复杂，计算量更大，对问题的可解释性更弱。常见的非参数模型有 SVM 模型、决策树模型、随机森林模型等。

值得一提的是，目前比较火的神经网络模型实际上是一个半参数模型，假如固定了隐层的数目以及每一层神经元的个数，它也属于参数模型。但由于隐层数目与每一层神经元的个数在模型训练中通常不是固定的，需要通过验证集进行选择，所以很多时候神经网络模型都被归类为半参数模型。

模型除了可以分为参数模型和非参数模型，还可以分为生成模型和判别模型。

Q：简单介绍生成模型和判别模型的概念

生成模型学习得到联合概率分布 $P(x,y)$，即特征 x 和标签 y 共同出现的概率，然后求条件概率分布，能够学习到数据生成的机制。常见的生成模型包括朴素贝叶斯模型、混合高斯模型、隐马尔可夫模型等。

判别模型则学习得到条件概率分布 $P(y|x)$，即在特征 x 出现的情况下标签 y 出现的概率。常见的判别模型包括决策树模型、SVM 模型、逻辑回归模型等，我们使用的大部分模型都是判别模型。

生成模型需要的数据量比较大，能够较好地估计概率密度，而判别模型对数据量的要求没有那么高。在数据量比较充足的情况下，生成模型的收敛速度比较快，并且能够处理隐变量问题。相比于判别模型，生成模型需要更大的计算量，准确率及适用范围也弱于判别模型，所以在实际工作中还是以使用判别模型为主。

3.2.3 常见的模型介绍

在了解了模型的分类之后，下面就来介绍一些常见的模型。除了要理解模型的原理，也要了解模型的优缺点，特别是它们在实际应用中的一些特性。

1. 线性回归模型

线性回归模型是利用数理统计中的回归分析，来确定两个或两个以上变量间相互依赖的定量关系的一种统计分析方法，应用十分广泛。其表达形式为 $y=w'x+e$，其中 w 为参数行列式，e 为随机误差，且服从期望为 0 的正态分布。对于随机误差，有一些假设需要了解。

Q：在线性回归模型中对随机误差做出的假设有哪些?

随机误差是一个期望或平均值为 0 的随机变量；对于解释变量的所有观测值，随机误差有相同的方差；随机误差彼此不相关；解释变量是确定性变量，不是随机变量，与随机误差彼此相互独立；随机误差服从正态分布。

在回归分析模型中，如果只包含一个自变量和一个因变量，那么将其称为一元线性回归分析模型。如果在回归分析模型中包含两个或两个以上的自变量，则称其为多元线性回归分析模型。

很多候选人认为线性回归模型是比较简单的一种数据分析和挖掘方法，没有花足够的时间来真正理解它。实际上，在数据分析师的工作中会大量使用线性回归模型，该模型具有使用方便、可解释性强的特点，能够满足公司很多敏捷分析的需求。

Q：线性回归模型有哪些常用的提升效果的方法？

一是引入高次项。某些因变量与自变量本身并不存在线性关系，但是与其二次项或者更高次项存在线性关系，此时就需要引入高次项。需要注意的是，在引入某自变量的高次项之后，需要保留其相应的低次项。引入高次项后的效果如图 3-19 所示。

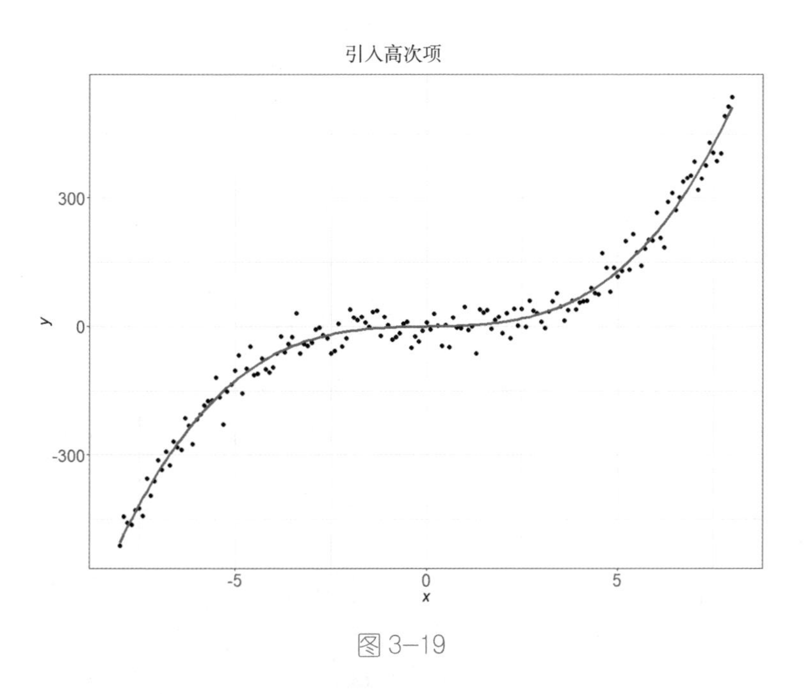

图 3-19

二是引入交互项。一个预测变量对模型结果的影响，在其他预测变量有不同值的时候是不同的，这称为变量之间的交互关系。引入交互项的方式通常是将两个预测变量相乘放入模型中作为交互项。将一个交互项放到模型中会极大地改善所有相关系数的可解释性。在引入交互项之后，需要保留组成交互项的自变量。

Q：简述线性回归模型的优缺点。

线性回归模型的优点在于快速，能够处理数据量不是很大的情况，并且具有很强的可解释性，可以有效指导业务部门进行决策。由于线性回归模型不是一种很复杂的参数模型，需要提前对目标函数进行假设，当数据量增加、问题变得复杂时，线性回归模型往往无法进行很好的处理，此时就需要使用其他更加复杂的模型。

2. 逻辑回归模型

逻辑回归模型与线性回归模型有许多相似之处，但是也有所区别。

Q：逻辑回归模型与线性回归模型的区别是什么？

在对最终结果 y 的处理上，在逻辑回归模型中，会将此前线性回归模型中的 y 通过 sigmoid 函数（又称逻辑回归函数）映射到 $[0,1]$ 区间。逻辑回归模型主要用于解决二分类问题，而非预测问题，这也是逻辑回归模型与线性回归模型在应用中最大的区别。

在逻辑回归模型中，为了避免过拟合，需要引入正则化方法，常用的有 L1 与 L2 方法，二者间的区别也是考查内容。

Q：在逻辑回归模型中常用的 L1 与 L2 方法的区别在哪里？

通过引入惩罚项，使得逻辑回归模型中各个变量的系数得以收缩，从而避免过拟合的发生。常用的正则化方法有 lasso 方法（也叫 L1 方法，惩罚系数的绝对值，惩罚后有的系数直接变成 0，其他系数绝对值收缩）和 ridge 方法（也叫 L2 方法，惩罚系数的平方，惩罚后每个系数的绝对值收缩）。

相比于 L2 方法，L1 方法可以筛选变量，在变量较多的情况下，能够从中选择较为重要的变量。在实际工作中应根据需要来选择使用 L1 与 L2 方法。

除了正则化方法，sigmoid 函数也是非常重要的。通过 sigmoid 函数，能够将 y 从整个实数空间映射到 $[0,1]$ 区间。sigmoid 函数的定义为：$S(x)=\frac{1}{1+\mathrm{e}^{-x}}$，映射效果如图 3−20 所示。

Q：简述逻辑回归模型的优缺点。

逻辑回归模型通常用来解决二分类问题。对于多分类问题，需要用 softmax 函数替代 sigmoid 函数，softmax 函数可以针对各个分类输出概率值，概率值之和为 1。逻辑回归模型具有可解释性强的特点，在一些对可解释性有很高要求的领域，如金融、银行等，逻辑回归模型有着广泛的用途。与线性回归模型相同，随着数据量的增加，逻辑回归模型会产生欠拟合现象，此时需要选择一些非参数模型进行训练。

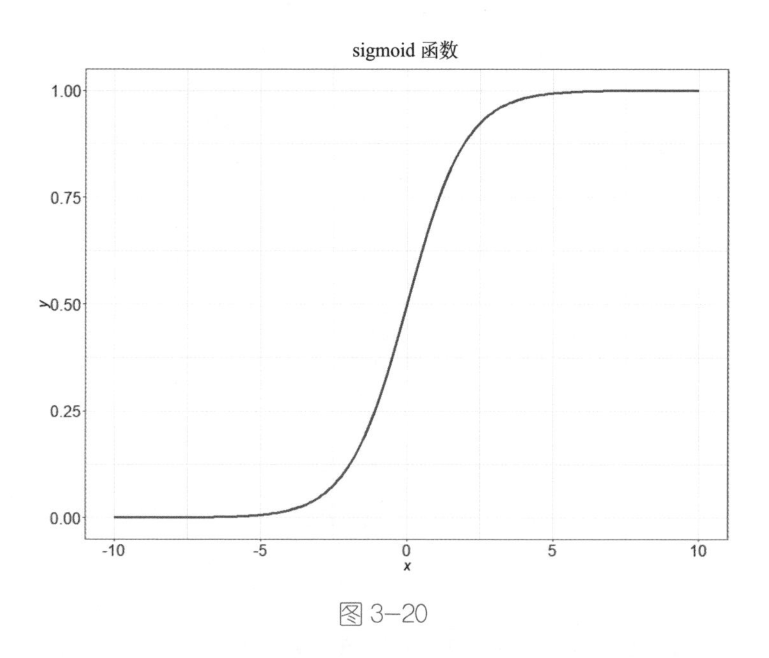

图 3-20

3．决策树模型

决策树模型是一种非参数模型，它无须对目标函数和变量做过多的假设，使用更加灵活，能够处理更加复杂场景下的问题。

Q：简述决策树模型。

决策树模型是一种类似于流程图的树形结构，树内部的每一个节点代表对一个特征的测试，树的分支代表该特征的每一个测试结果，树的每一个叶子节点代表一个类别。示例如图 3-21 所示。

从图 3-21 中可以看出，需要预测用户是否异常，有 15 条历史数据，变量包括“注册时长”和“消费金额”。首先根据“注册时长”生成分支，得到两个节点，然后左边节点根据“消费金额”进一步生成分支。这就是一个典型的决策树模型结构。

对于决策树模型，每一步分支的选择以及节点的确定都需要关心，在面试中经常会考查这部分内容。

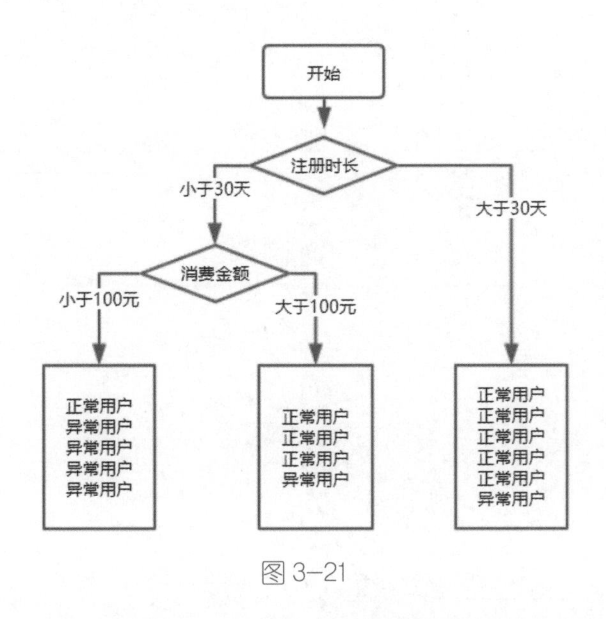

图 3-21

Q：如何确定每一个节点选择什么特征，其常用方法及各自特点是什么？

常用方法有 ID3 和 C4.5。每一步特征的选取都是基于信息熵的，通过在节点上生成新的分支来降低信息熵。

在信息论中，信息熵用来表示随机变量的不确定性，其定义为：$H(X)=-\sum_{i=1}^{n}p_i\log p_i$。对于决策树模型，$p_i$ 表示样本落在各个叶子节点的概率，且$\sum_{i=1}^{n}p_i=1$。当 $n=2$，p_1、p_2 均为 1/2 时，信息熵达到最大值；当 $p_1=1$ 或 $p_1=0$ 时，信息熵为最小值。在决策树模型中，每一步都会选择合适的特征作为节点，降低信息熵。

还有 CART 方法，它用 Gini 系数（也称为 Gini 不纯度）代替信息熵，$\text{Gini}(D)=1-\sum_{i=1}^{n}p_i^2$。它在选择特征时，会选择能够使 Gini 不纯度变小的特征作为节点。

CART 支持预测连续值（回归），相比于 ID3、C4.5 只能处理分类问题，CART 可以同时处理分类问题和预测问题，并且能够处理连续值（ID3 不能处理连续值，C4.5 虽然可以处理连续值，但是比 CART 要复杂得多）。因此，在实际工作中 CART 的应用更为广泛，Python 中 sklearn 默认的决策树模型也是用 CART 来选择分支的。

Q：简述 ID3 和 C4.5 方法的异同点。

ID3 在选择特征时，会选择能够使信息增益 $g(D,A)$ 最大化的特征作为节点，$g(D,A)=H(D)-H(D\mid A)$，其中 $H(D)$ 为决策树模型的当前信息熵；$H(D|A)$ 为新的节点产生后的信息熵。ID3 存在的问题在于会选择有比较多分支的特征作为节点，造成模型的过拟合。

相比于 ID3，C4.5 将单纯地考虑信息增益最大化变成了考虑信息增益比最大化，$g_{\mathrm{R}}(D,A)=\dfrac{g(D,A)}{H_A(D)}=\dfrac{H(D)-H(D\mid A)}{H_A(D)}$，$H_A(D)=-\sum_{i=1}^{n}\dfrac{|D_i|}{|D|}\log_2\dfrac{|D_i|}{|D|}$，其中$\dfrac{|D_i|}{|D|}$表示样本在节点各个分类数量上的占比。随着分支数量的增加，$H_A(D)$会变大，信息增益比 $g_{\mathrm{R}}(D,A)$会相应地变小。因此，C4.5 会避免选择有过多分支的特征作为节点。

Q：简述决策树模型的优缺点。

决策树模型本身属于非参数模型，相比于线性回归模型和逻辑回归模型，它不需要对样本进行预先假设，因此能够处理更加复杂的样本。它的计算速度较快，结果容易解释，可以同时处理分类问题和预测问题，并且对缺失值不敏感。

决策树模型具有非常强的可解释性，通过绘制分支，可以清晰地看出整体的模型选择流程，快速发现影响最终结果的因素，能够指导业务快速进行相应的修改、调整。

但是相对而言，决策树模型是一种“弱学习器”，即使通过调优方法进行了优化，也仍然容易产生过拟合的现象，造成最终结果误差较大，并且在处理特征关联性比较强的数据时表现得不是很好。

Q：决策树模型常用的调优方法有哪些?

关于决策树模型的调优，主要有以下一些方法。

- 控制树的深度及节点的个数等参数，避免过拟合。
- 运用交叉验证法，选择合适的参数
- 通过模型集成的方法，基于决策树形成更加复杂的模型。

4. 随机森林

在讲解随机森林之前，先介绍一些概念。首先介绍强学习器和弱学习器。

Q：强学习器和弱学习器的定义以及划分的依据是什么？

可以将学习器理解成模型算法。强学习器和弱学习器实际上是一个相对的概念，并没有很明确的划分界限，体现在学习器对复杂数据场景的处理能力上，相比于决策树模型，随机森林可以称为强学习器，但是和其他更复杂的模型比，它就是弱学习器了。

通过集成的方法，可以将多个弱学习器构造成一个强学习器，这称为模型集成。

Q：解释模型集成和模型融合的概念，并举出相应的例子。

模型集成是指将多个弱学习器（也称为基模型）进行组合，以提高模型的学习泛化能力。随机森林模型将多个决策树模型组合到一起，类似于随机森林这种将相同种类模型进行集成的模型，称为同质集成模型。相反，将不同种类模型进行集成的模型，称为异质集成模型。

目前常用的模型集成方法有 Bagging 和 Boosting，随机森林和 GBDT 是各自的代表，后续会讲解二者各自的集成方法和区别。

模型融合是基于模型集成而产生的概念。在模型集成中，需要将各个基模型的结果进行组合，得到最终的结果，这个过程称为模型融合。常用的模型融合方法如下。

- 平均法：在预测问题中，将各个基模型的结果进行平均作为最终结果。
- 投票法：在分类问题中，选择基模型中预测比较多的类别作为最终结果。

Q：解释随机森林的基本原理。

随机森林是模型集成中 Bagging 方法的典型代表，通过对样本或者变量的 n 次随机采样，就可以得到 n 个样本集。对于每一个样本集，可以独立训练决策树模型，对于 n 个决策树模型的结果，通过集合策略来得到最终的输出。需要注意的是，这 n 个决策树模型之间是相对独立的，并不是完全独立的，训练集之间是有交集的。

可以通过 Bootstrap Sample（有放回采样）方法实现对样本的随机采样，基于公式 $\lim\limits_{n\to\infty} 1-\left(1-\frac{1}{n}\right)^n = 1-\frac{1}{e} \approx 63.2\%$，每次采样大约会有 63.2% 的样本被选中。该方法同样适用于对变量进行随机抽取。

Q：相比于决策树模型，随机森林模型为何能实现更好的效果？

实际上，这个问题的回答也适用于所有的集成方法。前面提到，模型误差包括偏差和方差两个部分，假设各个决策树模型有相同的偏差和方差，通过将多个决策树模型得到的结果进行平均或者投票，可以保证随机森林模型的偏差与单个决策树模型的偏差基本相同。但是由于各个决策树模型之间的相对独立性，通过对结果进行平均或者加权能够大幅度减小随机森林模型的方差，最终将误差变小。

5. Boosting 模型

Boosting 模型是将多个决策树模型集成后的一种模型。在面试中经常考查随机森林模型与 Boosting 模型之间的区别，需要重点关注。

Q：阐述随机森林模型与 Boosting 模型之间的区别。

随机森林模型与 Boosting 模型分别运用了模型集成中的 Bagging 和 Boosting 方法，它们最大的区别在于，随机森林模型的各个决策树模型的生成是相互独立的，是基于通过样本重采样方法得到不同训练集而产生不同的决策树模型的；而 Boosting 模型中新的决策树模型生成是基于此前已经生成的决策树模型的结果，所以决策树模型的生成并不是相互独立的，每一个新的决策树模型都依赖前一个决策树模型。

Q：常见的基于决策树模型的 Boosting 方法及各自原理是什么？

常见的基于决策树模型的 Boosting 方法包括 AdaBoost 和 GBDT 两种，它们的区别在于：AdaBoost 会加大此前决策树模型中分类错误的数据的权重，使得下一个生成的决策树模型能够尽量将这些训练集分类正确；而 GBDT 则是通过计算损失函数梯度（gradient）下降方向，定位模型的不足而建立新的决策树模型的。在实际工作中后者的应用更加广泛。

Q：简述随机森林模型和 GBDT 模型的优缺点。

在实际工作中，随机森林模型和 GBDT 模型都有着广泛的应用，它们都是基于决策树模型的，所以能够处理离散型变量和连续型变量同时存在的场景。它们不需要对数据集做过多的假设，能够处理比较复杂的问题。随机森林模型和 GBDT 模型都是集成学习方法，相比单一的决策树模型，其性能有了很大的提升。但是随机森林模型和传统的 Boosting 模型面对更大的训练集时，依然存在训练速度较慢的问题，因此就需要寻找更加快速的方法。

6. XGBoost 模型

上面提到了 AdaBoost 和 GBDT，它们属于比较基础的 Boosting 模型。目前常用的则是 XGBoost 模型，它是一种性能更好的 Boosting 模型。

在实际工作中，XGBoost 模型有着非常强的实用性，很多候选人在简历中都会写上使用 XGBoost 模型进行数据挖掘的经验。在面试中也会对 XGBoost 模型进行考查，因此需要了解其基本原理以及性能提升的原因。

Q：简述 XGBoost 基于 GBDT 模型优化的原因。

XGBoost（eXtreme Gradient Boosting）是 Gradient Boosting 方法的高效实现，它在传统 GBDT 模型的基础上对算法做了以下调整。

- 传统的 GBDT 模型以 CART 树作为基学习器，而 XGBoost 还支持线性分类器，这时 XGBoost 的基学习器可以是 L1 和 L2 正则化的逻辑回归模型或者线性回归模型，提高了模型的应用范围。
- 传统的 GBDT 模型在优化时只用到了损失函数一阶导数信息，而 XGBoost 则对损失函数进行了二阶泰勒展开，得到了一阶导数和二阶导数，可以加快优化速度。
- XGBoost 模型在损失函数中加入了正则项，用于控制模型的复杂度。从权衡方差和偏差的角度来看，它降低了模型的方差，使学习出来的模型更加简单，可以防止过拟合，提高了模型泛化能力。这也是 XGBoost 模型优于传统 GBDT 模型的一个特性。

- 借鉴随机森林模型对特征进行采样的方法，在生成决策树的过程中支持列抽样，不仅可以防止过拟合，还能减少计算量。
- 能够自动处理缺失值，将其单独作为一个分支。

以上 5 点是 XGBoost 模型在算法层面的改进，同时它在性能上也有了很大提高，在大数据量的处理上能够更进一步地提高计算效率，提升速度（主要因为支持并行）。

Q：简述 XGBoost 的并行操作。

XGBoost 的并行不是指在模型上并行，它也是一次迭代完成后才能进行下一次迭代的，而是指在特征上并行。决策树模型的学习最耗时的一个步骤就是对特征值进行排序（因为要确定最佳分割点）。XGBoost 模型在训练之前，预先对数据进行了排序，然后保存为块（block）结构，在后面的迭代中会重复使用这个结构，大大减少了计算量。块结构也使得并行化成为可能。此外，在进行节点选择时，需要计算每个特征的增益，最终选择增益最大的那个特征作为节点，各个特征的增益计算就是基于块结构实现并行操作的。

3.2.4 模型效果评估方法

前面介绍了模型的基本概念以及一些常见的模型。此外，如何评估一个模型的效果也是很重要的。本节会介绍一些常见的模型评估方法，分为预测问题和分类问题进行阐述。

Q：对于预测问题常用的评估方法有哪些？

如下是一些常用的评估方法。

- MSE（Mean Squared Error，均方误差）：参数估计值与参数真值之差平方的期望值。MSE 可以用于评估数据的变化程度，MSE 的值越小，表示模型的精确度直高。$\text{MSE}=\frac{1}{N}\sum_{t=1}^{N}(\text{observey}_t-\text{predictey}_t)^2$。

- RMSE（均方根误差）：均方误差的算术平方根。$\text{RMSE}=\sqrt{\frac{1}{N}\sum_{t=1}^{N}(\text{observey}_t-\text{predictey}_t)^2}$。
- MAE（Mean Absolute Error，平均绝对误差）：绝对误差的平均值。平均绝对误差在一些问题上能更好地反映预测值误差的实际情况。$\text{MAE}=\frac{1}{N}\sum_{t=1}^{N}|\text{observey}_t-\text{predictey}_t|$。

以上三种是比较通用的预测问题的评估方法，需要根据具体的问题选择合适的方法。

Q：对于二分类问题常用的评估方法有哪些？

关于分类问题，需要分成二分类问题和多分类问题分别进行讨论。对于二分类问题，常用的评估方法如表 3–6 所示。

表 3–6

	预测为正例	预测为反例
实际为正例	TP（True Positive）	FN（False Negative）
实际为反例	FP（False Positive）	TN（True Negative）

表 3–6 中的正例和反例是相对的概念。正例通常是我们所关注的结果，比如针对订单的完成率进行研究时，顺利完成的订单就是正例；而如果对订单的失败率进行研究，则会将失败的订单作为正例。

Q：解释准确率和召回率。

准确率（precision）：又称“精度”，判断为正例且实际上是正例的数量 / 判断为正例的数量，即 TP/(TP+FP)。

召回率（recall）：又称“查全率”，判断为正例且实际上是正例的数量 / 实际上所有正例的数量，即 TP/(TP+FN)。

准确率和召回率是二分类问题中十分重要的评估指标，同时需要对准确率和正确率进行区分。

Q：简要解释正确率，并阐述正确率与准确率的区别。

正确率（accuracy）是指判断正确的数量，即(TP+TN)/(TP+FN+FP+TN)。相比于准确率，正确率同时考虑了正负样本预测的情况。在实际问题中大多是对正样本比较感兴趣，并且会存在正负样本不平衡的情况，在极端情况下正负样本比例会达到1：999。此时如果要看正确率，只需将所有结果都预测为负样本，正确率就达到了99.9%，但准确率为0。因此，相比于正确率，准确率的使用频率更高。

PR曲线是用来可视化模型准确率和召回率的图形。在实际工作中，通常固定某一个指标，比如固定20%的召回率，然后在此基础上提高准确率。准确率、召回率随阈值的变化情况如图3-22所示。

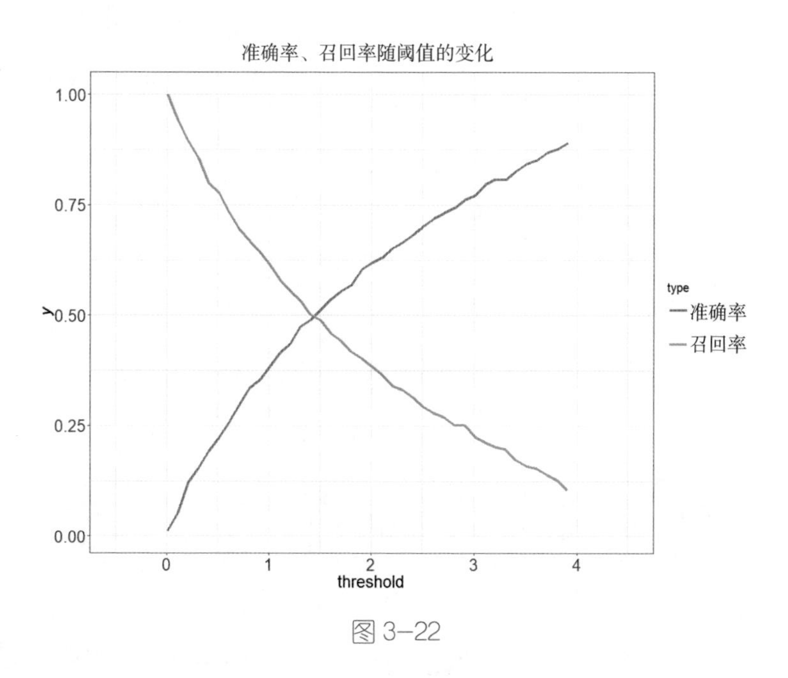

图3-22

由于准确率和召回率是十分常用的评估指标，在面试中被问到的概率也非常高。

Q：用简洁的语言或者举例解释准确率和召回率。

这里用警察抓小偷的例子进行解释。由于问题中需要关注的是小偷部分，所以将小偷的样本划为正例，将准确率解释为在抓到的人中小偷的占比，将召回率解释为在所有小偷中被抓到的占比。

除了 PR 曲线，还有一个用来刻画二分类问题的图形，就是 ROC 曲线，如图 3-23 所示。ROC 曲线的横纵坐标如下。

FPR（False Positive Rate）：FP/TN+FP

TPR（True Positive Rate）：TP/TP+FN

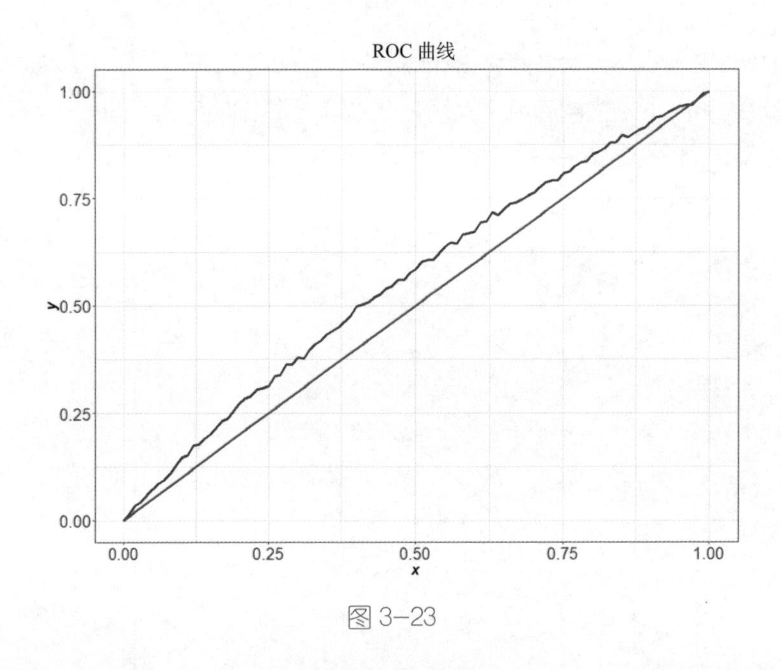

图 3-23

在 ROC 曲线中，一个十分重要的概念就是 AUC。

Q：简单介绍 ROC 与 AUC 的概念及相互之间的关联。

ROC 曲线一定会经过（0,0）和（1,1）两个点，在此基础上要尽量使曲线下方所围成的面积最大化，这部分面积称为 AUC。AUC 也是用来衡量二分类模型效果的指标。由于 AUC 是一个非常直观的数值，在金融类或者其他一些比较需要强解释性的问题中，它会被经常用到。

Q：多分类问题的评估方法有哪些？

一种评估方法是将多分类问题转换为二分类问题，将其中我们最关心的分类作为正例，其余的均作为负例，这样就可以运用二分类问题的评估方法了，如 PR 曲线。

还有一种常用的方法就是使用混淆矩阵。混淆矩阵是将此前的 2×2 预测值与实际结果之间对应的矩阵进行扩展，扩展成 $n\times n$ 矩阵，其中 n 表示分类的数量，如图 3-24 所示。在混淆矩阵中，对角线代表正确的结果。

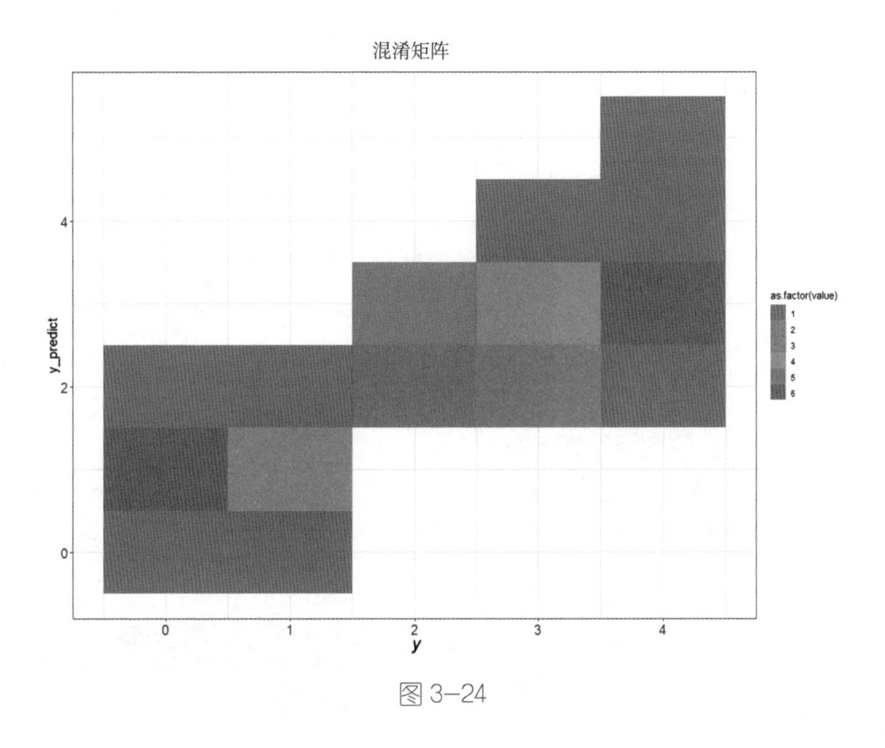

图 3-24

对于多分类问题，如果特别关注某一分类，则可以转换为二分类问题；如果关注的是模型整体的分类效果，则可以用正确率来进行描述。二分类问题实际上是多分类问题的一种特殊情况。

本节内容总结如图 3-25 所示。

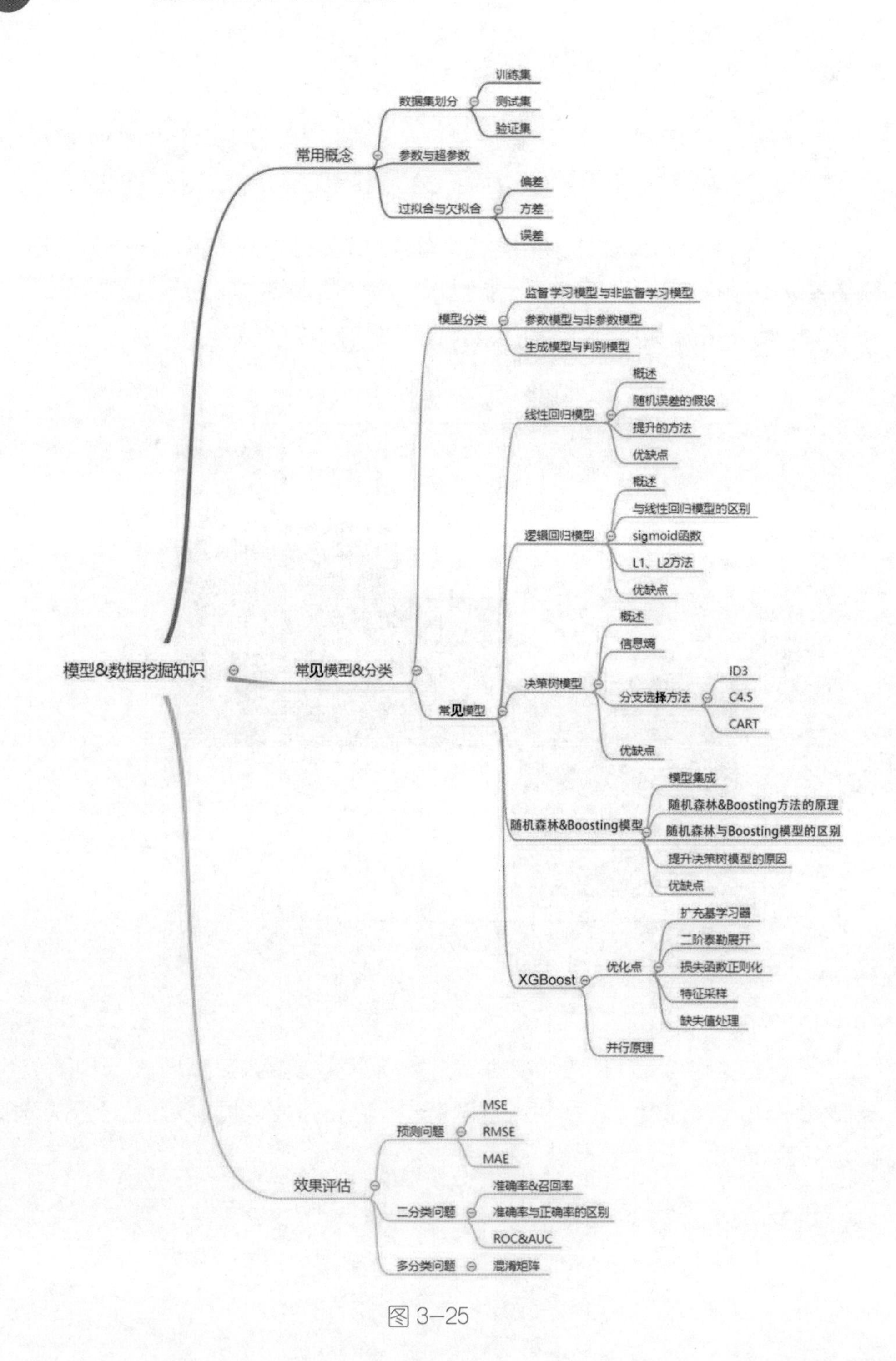
模型&数据挖掘知识
常用概念
数据集划分
训练集
测试集
验证集
参数与超参数
过拟合与欠拟合
偏差
方差
误差
常见模型&分类
模型分类
监督学习模型与非监督学习模型
参数模型与非参数模型
生成模型与判别模型
常见模型
线性回归模型
概述
随机误差的假设
提升的方法
优缺点
逻辑回归模型
概述
与线性回归模型的区别
sigmoid函数
L1、L2方法
优缺点
决策树模型
概述
信息熵
分支选择方法
ID3
C4.5
CART
优缺点
随机森林&Boosting模型
模型集成
随机森林&Boosting方法的原理
随机森林与Boosting模型的区别
提升决策树模型的原因
优缺点
XGBoost
优化点
扩充基学习器
二阶泰勒展开
损失函数正则化
特征采样
缺失值处理
并行原理
效果评估
预测问题
MSE
RMSE
MAE
二分类问题
准确率&召回率
准确率与正确率的区别
ROC&AUC
多分类问题
混淆矩阵

图 3-25

第 4 章 编程技能考查

4.1 熟悉 Python

4.1.1 概览

Python 是当今应用最广泛的编程语言之一，它以效率高和代码可读性强而著称。Python 介于 R 语言和 Java 语言之间，R 语言主要用来进行数据分析和可视化，Java 语言主要用于大型应用开发。Python 既可以实现 R 语言中的数据分析、数据挖掘以及可视化功能，又适合在开发环境中部署。作为数据分析师，熟练掌握 Python 非常有必要。

Python 的最大特色之一是它具有极广泛的程序库（library），也可以叫作“包”。程序库是各种标准程序、子程序、文件及其目录等信息的有序集合。一个有效的程序库，可以使开发人员编写出复杂的多任务代码。

Python 的安装方法有很多，这里建议直接安装 Anaconda。Anaconda 是一个开源的 Python 发行版本，其包含了 conda、python 等 180 多个科学包及其依赖项。在安装了 Anaconda 后，一些基本的包如 pandas、NumPy、SciPy 等都已经包含在其中，无须进行额外的安装操作。

安装 Anaconda 的另一个好处是，Anaconda 在安装过程中可以自动配置 Python 运行所需要的系统环境变量。同时 Anaconda 自带 Spyder 编译器，界面如图 4-1 所示。

Spyder 编译器非常易于使用，并且其界面与 R 语言中的 RStudio 界面非常相似，便于在工作中同时使用它们，以减少切换带来的适应成本。安装了 Anaconda，也同时安装了 Jupyter Notebook，它是一个交互式笔记本，支持运行 40 多种编程语言。其本质上是一个 Web 应用程序，便于创建和共享程序文档。Jupyter Notebook 在浏览器中运行，界面如图 4-2 所示。

Jupyter Notebook 为大家提供了一个非常友好的交互式编程环境，非常适合展示和讲解代码。

虽然 Anaconda 已经集成了很多包，但是还有一些包需要额外安装。由于 Anaconda 在安装过程中已经自动配置好了环境变量，因此，只需要在 cmd 界面中输入“pip install 包名”命令进行安装即可，如图 4-3 所示。

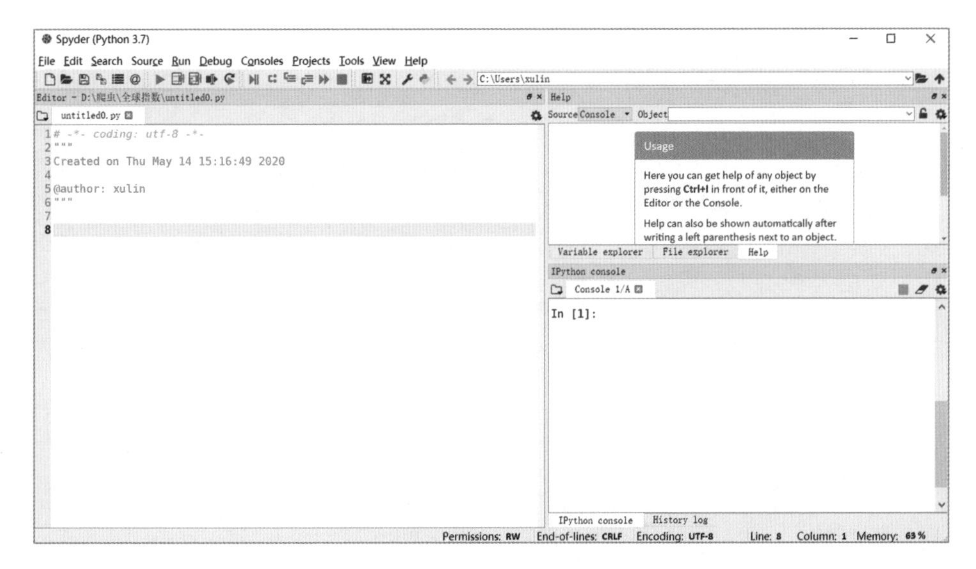

图 4-1

图 4-2

```
命令提示符
Microsoft Windows [版本 10.0.17134.950]
(c) 2018 Microsoft Corporation。保留所有权利。

C:\Users\Administrator>pip install creepy
Collecting creepy
  Retrying (Retry(total=4, connect=None, read=None, redirect=None, status=None)) after connection broken by 'ReadTimeout
Error("HTTPSConnectionPool(host='pypi.python.org', port=443): Read timed out. (read timeout=15)",)': /simple/creepy/
  Downloading https://files.pythonhosted.org/packages/1c/57/f54c60b45724be515934f4eddeca6db7a52bf1d3f3b62e551316f92d171f
/creepy-0.1.6.tar.gz
Building wheels for collected packages: creepy
  Running setup.py bdist_wheel for creepy ... done
  Stored in directory: C:\Users\Administrator\AppData\Local\pip\Cache\wheels\dd\00\34\d2c3eaa6ff8667dd39c807d3e0bd3ce9d3
10a2cf80663c1d98
Successfully built creepy
Installing collected packages: creepy
Successfully installed creepy-0.1.6
```

图 4-3

在介绍完了如何配置Python运行环境，以及如何安装包之后，接下来介绍Python的数据类型和对象类型。

数据类型：元素取值的类型，主要有数值型、字符型、逻辑型等。示例代码如下：

```
## 数值型
var_1 = 2
var_2 = 2.0
print(var_1)
print(type(var_1))
print(var_2)
print(type(var_2))

## 字符型
var_3 = 'text'
print(var_3)
print(type(var_3))

## 逻辑型
var_4 = True
print(var_4)
print(type(var_4))
```

输出结果如下：

```
2
<class 'int'>
2.0
<class 'float'>
text
<class 'str'>
True
<class 'bool'>
```

比如2和2.0是不同的，2是整型数，2.0是浮点型数。

对象类型：组织和管理内部元素的方式，主要包括列表（list）、元组（tuple）、字典（dict）、数据框（DataFrame）等，可以理解为对象是对不同类型数据的整合。

关于列表和元组，示例代码如下：

```
## 列表
list_1 = [14,5,6]
```

```
print(list_1)
print(list_1[2])
print(type(list_1))

## 元组
list_2 = (14,5,6)
print(list_2)
print(list_2[2])
print(type(list_2))
```

输出结果如下：

```
[14,5,6]
6
<class 'list'>
(14,5,6)
6
<class 'tuple'>
```

列表和元组都可以被看作数组的一种类型，内部编号都是从 0 开始的。比如 [2]，实际上表示要取内部数据的第 3 个值，这一点与其他编程软件如 Java、C++ 等是一致的。列表与元组最大的区别在于是否可以修改内部的值，如图 4-4 所示。

```
In [11]: list_1[2] = 100
    ...: print(list_1)
    ...: list_2[2] = 100
    ...: print(list_2)
[14, 5, 100]
Traceback (most recent call last):

  File "<ipython-input-11-00ec2551372f>", line 3, in <module>
    list_2[2] = 100

TypeError: 'tuple' object does not support item assignment
```

图 4-4

可以看到，在尝试修改元组中的值时，会报错。

关于字典，示例代码如下：

```
## 字典
dict_1 = {'key1':1,'key2': 2,'key3': 3}
print(dict_1)
print(type(dict_1))
```

输出结果如下：

```
{'key1' : 1, 'key2' : 2, 'key3' : 3}
<class 'dict'>
```

字典以 key：value 的形式存储一个键值对，当提取某个值时需要用键名。字典内部排列是无序的，无法通过 dict_1[1] 的形式来提取值。

还有数据框（DataFrame），它在数据分析中起到了非常重要的作用，我们将在 4.2.2 节对它进行详细讲解。

下面介绍 Python 中的判断语句、循环语句以及函数的一些内容。

关于判断语句，其语法格式如下：

```
if 判断条件 1 :
    执行语句 1
elif 判断条件 2 :
    执行语句 2
elif 判断条件 3 :
    执行语句 3
……
else :
    执行语句 n
```

Python 中的判断语句以及后续的循环语句、函数都是以“：”结尾的，表示该语句之后的内容需要缩进，以区分作用域。在上面的格式中，“执行语句 1”通过缩进可以表示它在“判断条件 1”的作用域中执行。缩进使 Python 代码更加规整。需要指出的是，判断条件一定是互斥的；否则，只会执行符合条件的第一条语句，不会往下继续执行。例如，使用判断语句输出整数 i 除以 4 之后的余数，示例代码如下：

```
if i % 4 == 0:
    print('i 可以被 4 整除')
elif i % 4 == 1:
    print('余数为 1')
elif i % 4 == 2:
    print('余数为 2')
else:
    print('余数为 3')
```

关于循环语句，其语法格式如下：

```
for 循环条件 1:
    for 循环条件 2:
        ......
        执行语句
```

首先遍历“循环条件 1”中的所有值，按照顺序选取某个值之后，固定这个值，再去遍历“循环条件 2”中的所有值，依次执行语句，接下来再选取“循环条件 1”中的下一个值，如此往复完成循环。例如，计算 1!+2!+3!+…+10!，示例代码如下：

```
sum = 0
for i in range(1,11):
    this_sum = 1
    for j in range(1,i+1):
        this_sum = this_sum * j
    sum = sum + this_sum
print(sum)
```

输出结果为 4037913。

还有一种 while 循环语句，其语法格式如下：

```
while 判别条件 :
    执行语句
    修改判别条件语句
```

在使用 while 循环语句时，要格外注意“修改判别条件语句”不能缺失，否则会造成死循环。比如下面的语句，本来是要计算 1+2+3+…+10，但是忘记了写“修改判别条件语句”，于是就会因为始终满足判别条件而执行下去，造成死循环。

```
sum = 0
i =1
while i<=10:
    sum = sum+i
```

修改上面的语句，只需要增加 i 的“修改判别条件语句”即可：

```
sum = 0
i =1
```

```
while i<=10:
    sum = sum+i
    i = i+1
```

很多时候会针对同样的内容进行重复计算，比如计算 1 ~ *n* 中质数的个数，*n* 取不同的值时对应的代码基本上是相同的，只需要根据 *n* 的取值进行微调即可。这时就可以将这部分代码封装成一个函数，*n* 作为函数的一个参数，从而有效减少代码量，也能提高代码的可读性。示例代码如下：

```
def CalcPrimeNum(max_num):
    if max_num<=1 or round(max_num) != max_num:
        return '传参错误'
    prime_count = 0
    for i in range(2,max_num+1):
        fac_count = 0
        for j in range(1,i+1):
            if i%j==0:
                fac_count = fac_count+1
        if fac_count==2:
            prime_count = prime_count+1
    return prime_count
CalcPrimeNum(100)
```

输出结果为 25。

上面通过函数计算出了在 100 以内质数的个数。由于将代码封装成了函数，使用时只需要通过函数名调用即可。

另外，Python 是面向对象的语言，类必不可少，通过 class 来定义类，可以将类理解成对一组变量和函数的封装。

4.1.2 数据分析——pandas

在数据分析中，最重要的两个 Python 库就是 NumPy 和 pandas，其中用得最多的是 pandas 库。

pandas 是基于 NumPy 的一种工具，该工具是为了解决数据分析任务而开发的。pandas 中包含了大量的库和一些标准的数据模型，提供了高效操作大型数据集所需的工具。最初 pandas 是作为金融数据分析工具而开发的，因此，pandas 为时间序列分析提供了很好的支持。使用 pandas 处理表格，可以读取 Excel 或者 CSV 文件，然后对其进行添加列、删除列等操作。

下面以一组数据为例进行讲解。这组数据是通过网络爬虫从网络上爬取到的微博热搜数据，如图 4–5 所示。

date	title	searchCount	rank	words_list
2019/06/08	英语作文	11308100	1	['英语', '作文']
2019/06/07	高考作文	8185501	1	['高考', '作文', '高考作文']
2019/02/04	秒拍星拜年	7988061	3	['秒', '拍星', '拜年']
2019/06/27	想象 无限可能	7958294	10	['想象', ' ', '无限', '可能']
2019/02/04	27亿美元红包	7231692	5	['27', '美元', '亿美元', '红包']

图 4–5

数据一共有 5 列，分别是 date（日期）、title（标题）、searchCount（搜索指数）、rank（当天排名）和 words_list（对标题拆分后得到的词），通过加载 pandas 库读取数据，然后进行相关处理。示例代码如下：

```
## 加载 pandas 库
import os
import pandas as pd
os.chdir('D:/ 爬虫 / 微博热搜')
resou = pd.read_excel('热搜数据 .xlsx')
```

使用 head 函数读取数据的前 5 列，如图 4–6 所示。

```
In [6]: resou.head(5)
   ...:
Out[6]:
         date     title  searchCount  rank                   words_list
0  2019/06/08      英语作文     11308100     1                 ['英语', '作文']
1  2019/06/07      高考作文      8185501     1         ['高考', '作文', '高考作文']
2  2019/02/04     秒拍星拜年      7988061     3              ['秒', '拍星', '拜年']
3  2019/06/27   想象 无限可能      7958294    10       ['想象', ' ', '无限', '可能']
4  2019/02/04   27亿美元红包      7231692     5  ['27', '美元', '亿美元', '红包']
```

图 4–6

我们发现，在结果的最前面有一列数字，这是 pandas 中数据框都会有的索引（index），通过索引可以对时间序列数据进行很好的处理。

后续就可以对数据框进行相应的处理，如添加列、删除列等。假如现在需要添加一列，该列为搜索指数的 log 值，示例代码如下：

```
## 添加列
import math
resou['logCount'] = [math.log(i) for i in resou['searchCount']]
```

这样就产生了新的一列，列名为 logCount。这一列的内容是 searchCount 的 log 值。读者可能会对第二条语句感到陌生，实际上，这是常用的通过循环直接生成列表的语句。

[math.log(i) for i in resou['searchCount']] 可以看作是对 resou['searchCount'] 中的元素进行遍历，用 i 表示遍历值，对所有的 i 取出 log 值，组成一个列表。如果存在 i 小于或等于 0 的情况，则可能会报错。此时可以结合判别语句对所有小于 0 的 i 设定默认值 1，对大于 0 的 i 取 log 值，将这条语句修改为 [math.log(i) if i>0 else 1 for i in resou['searchCount']]。

删除列，示例代码如下：

```
## 删除列
resou = resou.drop('logCount',axis=1)
```

接下来介绍筛选和聚合计算，这部分内容非常重要。比如统计每天排名前 5 的热搜标题的平均热度，示例代码如下：

```
## 筛选并聚合
resou_dt = resou[resou['rank']<=5].groupby('date',as_index=False).ag
g({'searchCount':['mean']})
resou_dt.columns = ['date','avg_count']
resou_dt.head(5)
```

代码中的 resou[resou['rank']<=5]，实际上就是在执行筛选，通常会以行的维度来进行筛选，选取符合条件的行，这里选取了 rank 小于或等于 5 的行。然后对这些行进行聚合计算。在 Python 中使用 group by 和 agg 来实现聚合计算。首先通过 group by 语句确定要聚合计算的列，目前是 date 列，如果涉及多列聚合计算，则使用 group by (['column1','column2']) 语句。另外，这部分的聚合没有用到索引，因此将 as_index 设为 False。

聚合之后要做的就是分组计算，需要使用 agg 函数。在 agg 函数中既可以使用 Python 中固有的一些计算方式，如 sum（求和）、mean（求平均值），也可以使用自定义的计算方式。比如需要对每一天的 searchCount 计算平均值和总和，以及统计所有 title 的长度之和，由于没有针对长度的聚合计算函数，所以需要自己编写一个自定义函数。示例代码如下：

```
## 聚合函数
def get_length(df):
    return sum([len(i) for i in df])

resou_dt = resou[resou['rank']<=5].groupby('date',as_index=False).
agg({'searchCount':
    ['mean','sum'],'title':[get_length]})
resou_dt.columns = ['date','avg_count','sum_count','title_length']
resou_dt.head(5)
```

最终统计出了每一天的数据，结果如图 4-7 所示。

```
In [49]: resou_dt = resou[resou['rank']<=5].groupby('date',as_index=False).agg({'searchCount':
    ...:     ['mean','sum'],'title':[get_length]})
    ...: resou_dt.columns = ['date','avg_count','sum_count','title_length']
    ...: resou_dt.head(5)
Out[49]:
         date  avg_count  sum_count  title_length
0  2019/01/01  4323111.2   21615556            36
1  2019/01/02  2789434.8   13947174            37
2  2019/01/03  2725508.0   13627540            53
3  2019/01/04  2286924.4   11434622            35
4  2019/01/05  2920858.0   14604290            37
```

图 4-7

自定义聚合计算函数非常实用，在工作中能够解决非常多的问题。在面试中如果考查 Python 知识，这部分也会是重点考查的内容，因为它与数据分析师的工作紧密相关。

最后介绍一下排序。上面计算出了每一天的搜索指数，现在需要将搜索指数从高到低进行排序。示例代码如下：

```
## 排序
resou_dt.sort_values('avg_count',ascending=False).reset_index(drop = True)
```

排序结果如图 4-8 所示。

```
In [64]: resou_dt.head(5)
Out[64]:
         date    avg_count  sum_count  title_length
0  2019/06/27  18869791.0   94348955            40
1  2019/06/06  10138583.4   50692917            33
2  2019/02/04   8408744.8   42043724            31
3  2019/05/21   5806489.4   29032447            34
4  2019/06/08   5540870.0   27704350            43
```

图 4-8

排序后，相应的索引也需要调整，因此添加了 reset_index，并将 drop 设为 True 去掉之前的索引，按照新的顺序为索引编号。

4.1.3 数据可视化——matplotlib & pyecharts

Python 中有很多包都可以实现数据可视化，比如 matplotlib、seaborns、bokeh、pyecharts 等，本节主要介绍 matplotlib 和 pyecharts。

1．matplotlib

matplotlib 是最常用和最基础的一个可视化包。在使用 matplotlib 前，需要先解决中文显示问题，否则会出现乱码。代码如下：

```
plt.rcParams['font.sans-serif'] = ['SimHei']     # 用来正常显示中文标签
plt.rcParams['axes.unicode_minus'] = False       # 用来正常显示负号
```

绘制柱形图，示例代码如下：

```
from matplotlib import pyplot as plt

plt.rcParams['font.sans-serif'] = ['SimHei']     # 用来正常显示中文标签
plt.rcParams['axes.unicode_minus'] = False       # 用来正常显示负号
fig,ax=plt.subplots()

ax.bar(resou_dt["date"][0:10],resou_dt["avg_count"][0:10])
ax.set_xlabel("date",fontsize=16)  # 设置 x 轴标签
ax.set_ylabel("avg_count",fontsize=16)  # 设置 y 轴标签
ax.set_title("2019 年微博热搜 TOP10 数据",fontsize=20)  # 设置标题
plt.show()  # 显示图表
```

柱形图效果如图 4-9 所示。

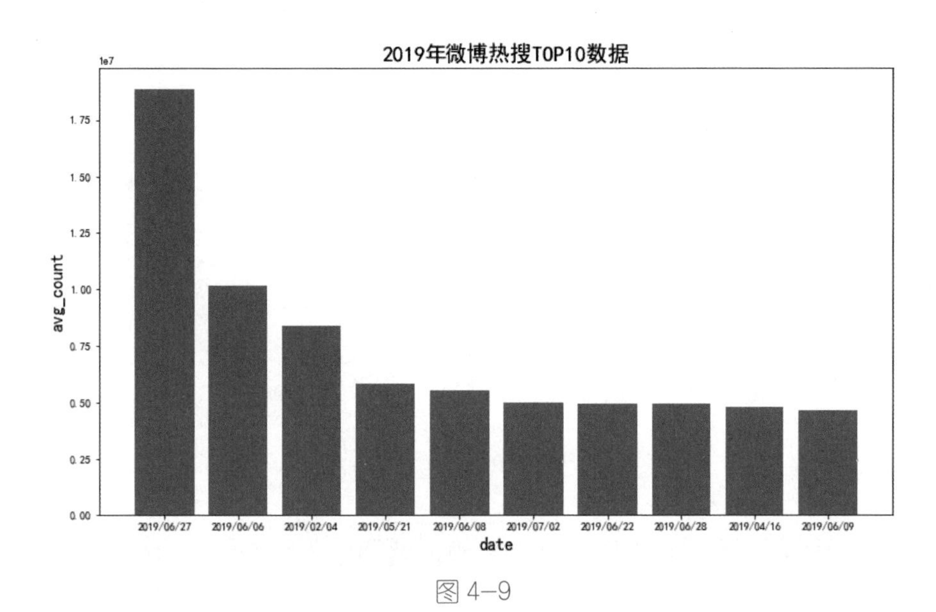

图 4-9

绘制散点图，将所有的数据用散点图进行展示，示例代码如下：

```
fig,ax=plt.subplots()
x = resou_dt["date"][0:10]
y = resou_dt["avg_count"][0:10]
plt.scatter(x, y)
ax.set_xlabel("date",fontsize=16)   # 设置 x 轴标签
ax.set_ylabel("avg_count",fontsize=16)   # 设置 y 轴标签
ax.set_title("2019 年微博热搜 TOP10 数据",fontsize=20)   # 设置标题
plt.show()
```

散点图效果如图 4-10 所示。

2. pyecharts

pyecharts 是一个用于生成 Echarts 图表的类库。Echarts 是百度开源的一个数据可视化 JS 库，使用 Echarts 生成的图表可视化效果非常好。而使用 pyecharts 库就是为了实现 Echarts 与 Python 的对接，方便在 Python 中直接使用数据生成图表。pyecharts 支持非常丰富的图表类型，并且有中文版的说明文档，便于查询。

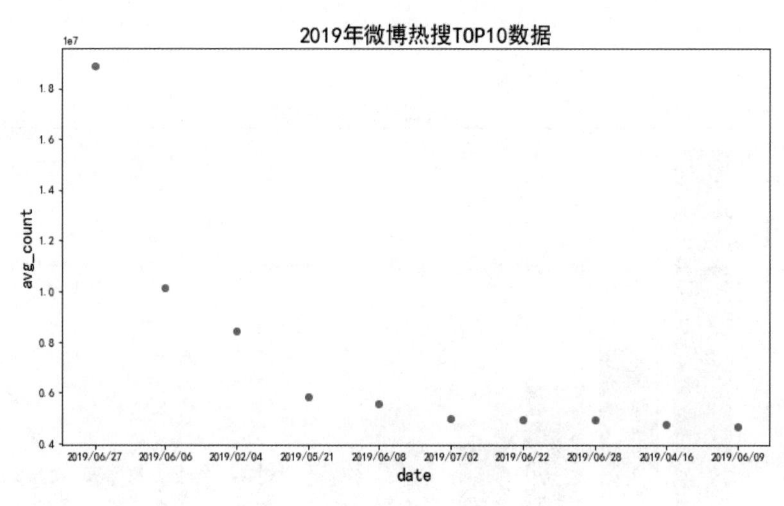

图 4-10

目前 pyecharts 的最新版本是 v1.0，本书的代码都是基于该版本编写的。

绘制柱形图，示例代码如下：

```
from pyecharts import options as opts
from pyecharts.charts import Calendar,Pie,Bar
from pyecharts.options import GraphicShapeOpts
from pyecharts.globals import SymbolType

## 柱形图
bar = (
        Bar(init_opts=opts.InitOpts(width='1200px',height='600px'))
        .add_xaxis(list(resou_dt['date'][0:10]))
        .add_yaxis("当日平均指数", list(resou_dt['avg_count'][0:10]))
        .set_global_opts(
            title_opts=opts.TitleOpts(title="2019 年每日热搜平均指数",
pos_left='15%'),visualmap_opts=opts.VisualMapOpts(
                max_=20000000,
                min_=4000000,
                orient="horizontal",
                is_piecewise=False,
                pos_top="50px",
                pos_left="150px",
                pos_right="10px"
            )
        )
        .render('日期柱形图 .html')
    )
```

柱形图效果如图 4-11 所示。

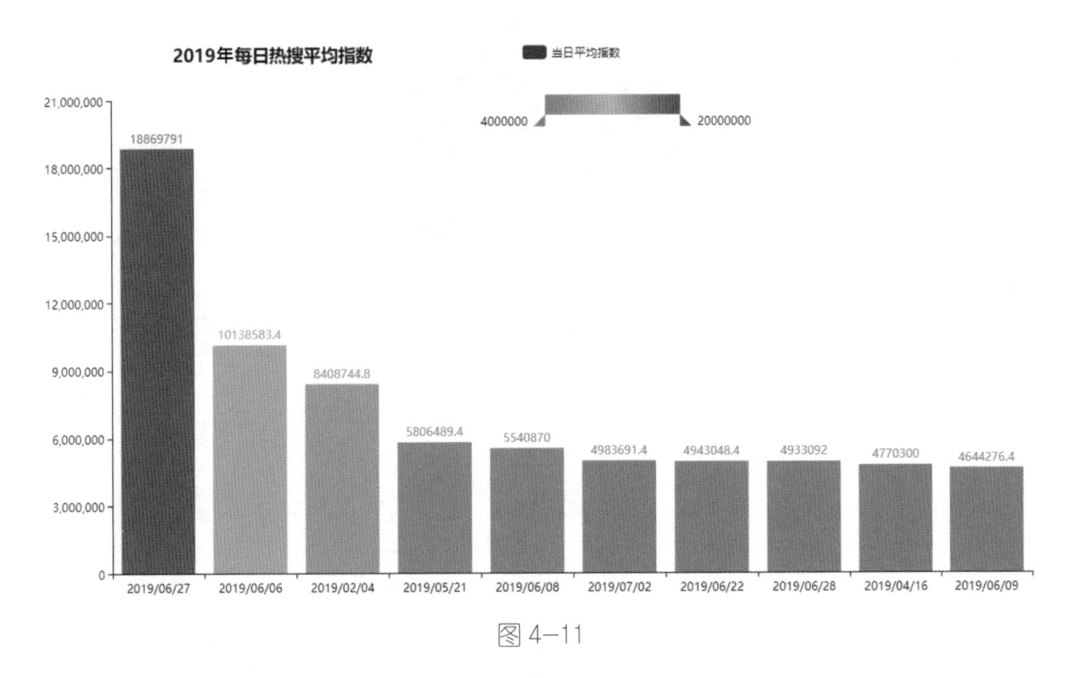

图 4-11

绘制条形图，只需在绘制柱形图代码的基础上添加 .reversal_axis() 即可。

还有一个比较常用的图表是饼图，比如与上一个例子中 TOP10 的日期指数占比情况进行对比，示例代码如下：

```
data = [
        [resou_dt['date'][i], math.log(resou_dt['avg_count'][i])]
        for i in range(10)
    ]
pie = (
        Pie(init_opts=opts.InitOpts())
        .add("", data)
        .set_global_opts(title_opts=opts.TitleOpts(title="分日期指数",
pos_left='center'),legend_opts=opts.LegendOpts(is_show=False))
        .set_series_opts(label_opts=opts.LabelOpts(formatter="{b}: {d}%",
font_size=16),)
        .render('日期饼图 .html')
    )
```

饼图效果如图 4-12 所示。

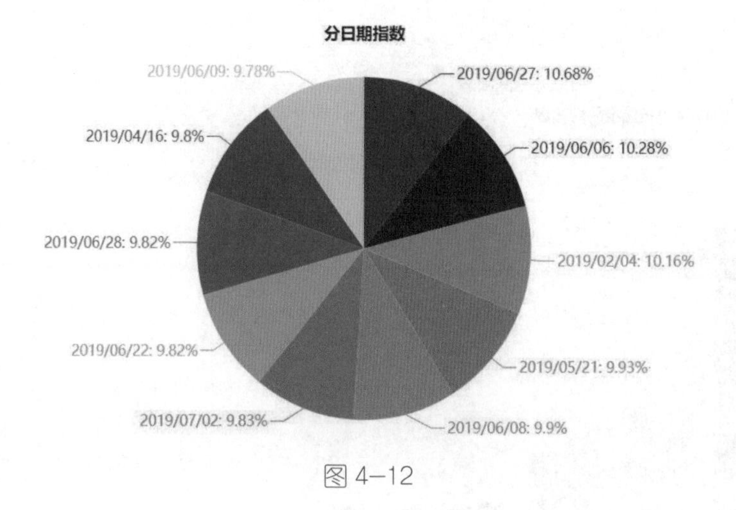

图 4-12

对于和时间相关的数据，pyecharts 还提供了热力图，可以清晰地对比各个时间的数据。示例代码如下：

```
import math
from pyecharts import options as opts
from pyecharts.charts import Calendar
data = [
        [resou_dt['date'][i], math.log(resou_dt['avg_count'][i])]
        for i in range(resou_dt.shape[0])
    ]
calendar = (
        Calendar()
        .add("", data, calendar_opts=opts.CalendarOpts(range_="2019"))
        .set_global_opts(
            title_opts=opts.TitleOpts(title="2019 年热搜数据"),
            visualmap_opts=opts.VisualMapOpts(
                max_=14.5,
                min_=16.2,
                orient="horizontal",
                is_piecewise=True,
                pos_top="230px",
                pos_left="100px",
            )
        )
        .render('日期热力图 .html')
    )
```

热力图效果如图 4-13 所示。

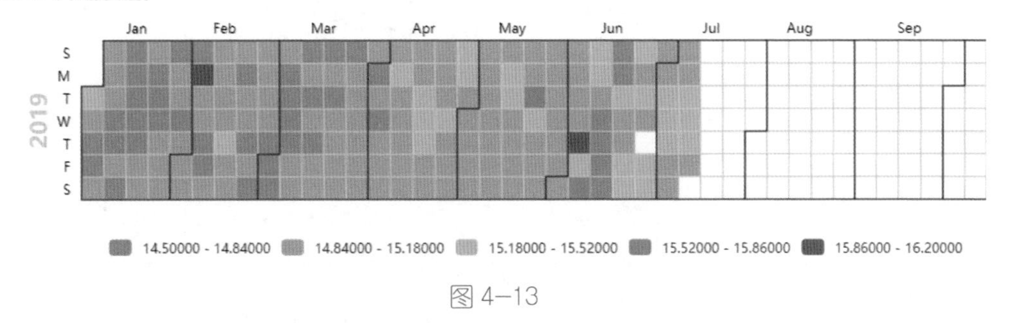

图 4–13

其他图表这里不再介绍，可以根据 pyecharts 官方说明文档进行绘制。

4.1.4　文本处理——jieba & wordcloud

数据分析师在日常工作中有时需要和文本打交道，最常见的就是从评价或评论中提取一些关键词，比如电商的商品评价、短视频的用户评论等，以便对用户的态度能够有所掌握，协助业务方找到问题所在。

Python 提供了非常强大的包来帮助数据分析师解决问题，其中最重要的两个包是 jieba 和 wordcloud。这两个包分别用于分词和绘制词云，这也是在数据分析中文本处理的两个主要步骤。

分词，顾名思义，就是将一句话切分成不同的词。比如“我今天前往上海东方明珠”这句话，要切分成“我”“今天”“前往”“上海”“东方明珠”这些词，Python 中的 jieba 包可以帮助我们完成这项工作。

再比如“我今天前往上海大学和东方明珠”这句话，除了可以切分成“我”“今天”“前往”“上海大学”和“东方明珠”这些词，有时候根据需要，也会将“上海”和“大学”两个词单独切分出来，这就涉及分词的三种模式。

- 精确模式：试图将句子最精确地切分开，适合文本分析。
- 全模式：把句子中所有可以成词的词都扫描出来，速度非常快，但是不能解决歧义问题。

- 搜索引擎模式：在精确模式的基础上，对长词再次进行切分，以提高召回率，适合搜索引擎分词。

下面通过示例进行对比。

```
import jieba

## 精确模式
jieba.lcut('我今天前往上海大学和东方明珠',cut_all=False)
## 全模式
jieba.lcut('我今天前往上海大学和东方明珠',cut_all=True)
## 搜索引擎模式
jieba.lcut_for_search('我今天前往上海大学和东方明珠')
```

分词结果如表 4-1 所示。

表 4-1

模　式	结　果
精确模式	['我','今天','前往','上海大学','和','东方明珠']
全模式	['我','今天','前往','往上','上海','上海大学','海大','大学','和','东方','东方明珠','方明','明珠']
搜索引擎模式	['我','今天','前往','上海','海大','大学','上海大学','和','东方','方明','明珠','东方明珠']

通过表 4-1 可以看到三者的区别：精确模式，在分词时会尽量选择长词，如“上海大学”；搜索引擎模式，会针对精确模式结果中的长词再次进行切分，如“上海大学”会被切分成“上海”“大学”“上海大学”三个词；全模式，相比于搜索引擎模式的长词切分，它不会依赖精确模式的结果，如精确模式结果中的“前往”和“上海大学”两个词已经被明确切分出来，但是全模式依然会输出“往上”这个词。

由于全模式分词过于“暴力”，因此，在实际工作中，通常会选择精确模式或者搜索引擎模式。

在了解了分词的三种模式之后，下面介绍两个词典：自定义词典和停用词词典。

首先介绍自定义词典。我们看一个例子。比如对“我今天前往中国海洋大学”进行切分，采用全模式，结果如图 4-14 所示。

```
In [19]: jieba.lcut('我今天前往中国海洋大学',cut_all=True)
Out[19]: ['我', '今天', '前往', '中国', '中国海', '海洋', '海洋大学', '大学']
```

图 4–14

实际上，中国海洋大学是一个专属名词，需要进行识别。但是由于 jieba 的词典中没有这个词，因此在切分过程中需要引入自定义词典。自定义词典以 TXT 文件形式输入，每个词占据一行，如图 4–15 所示。

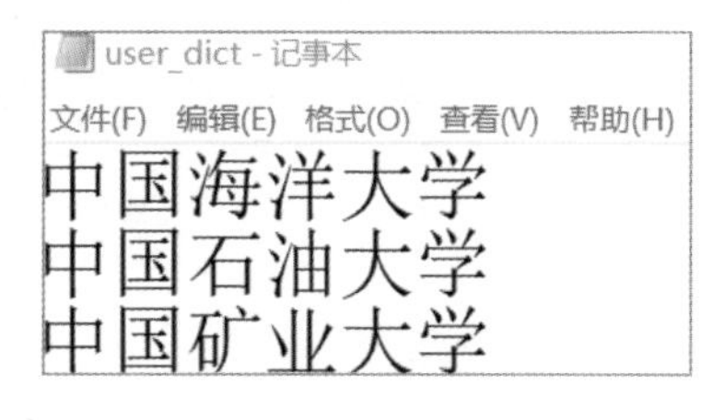

图 4–15

然后在 Python 中读取即可，结果如图 4–16 所示。

```
In [22]: jieba.load_userdict('user_dict.txt')
    ...: jieba.lcut('我今天前往中国海洋大学',cut_all=True)
Out[22]: ['我', '今天', '前往', '中国', '中国海', '中国海洋大学', '海洋', '海洋大学', '大学']
```

图 4–16

可以看到，此时“中国海洋大学”就会被当成一个单独的词。大家可以根据自己的需要建立自定义词典。

接下来介绍停用词词典。实际上，很多语气助词或者人称代词都不是工作中所关心的，在最终的结果中希望能够将其过滤掉，这时就需要建立停用词词典。

可以从网络上找到很多权威的中文停用词词典，在此基础上，增加一些自定义的停用词，建立自己的停用词词典，如图 4–17 所示。

```
stop_words - 记事本
文件(F) 编辑(E) 格式(O) 查看(V) 帮助(H)
我
今天
前往
```

图 4–17

然后在 Python 中读取停用词词典，结果如图 4–18 所示。

```
In [34]: import sys
    ...: stop_words=[]
    ...: with open('stop_words.txt','r') as f:
    ...:     for line in f:
    ...:         stop_words.append(line.strip('\n').split(',')[0])
    ...:
    ...: jieba.load_userdict('user_dict.txt')
    ...: [k for k in jieba.lcut('我今天前往中国海洋大学',cut_all=True) if k not in stop_words]
Out[34]: ['中国', '中国海', '中国海洋大学', '海洋', '海洋大学', '大学']
```

图 4-18

有了分词的结果之后，接下来要做的就是绘制词云，主要使用 wordcloud 包。这里要绘制的是一部电影的评论词云，代码如下：

```
import jieba
from scipy.misc import imread  # 这是一个处理图像的函数
from wordcloud import WordCloud, ImageColorGenerator
import matplotlib.pyplot as plt
import os
from collections import Counter
import pandas as pd

os.chdir('D:/ 爬虫 / 西红柿')

## 读取自定义词典
jieba.load_userdict('user_dict.txt')
## 读取停用词词典
stop_words=[]
with open('stop_words.txt','r') as f:
    for line in f:
        stop_words.append(line.strip('\n').split(',')[0])
## 建立分词列表
tomato_com = pd.read_excel('西虹市首富 .xlsx')
tomato_str =  ' '.join(tomato_com['comment'])
words_list = [k for k in jieba.lcut_for_search(tomato_str) if k not in
stop_words]
words_list = [k for k in words_list if len(k)>1]
```

Python 还提供了自定义背景图功能，可以根据自定义的图片绘制词云，这里使用的图片如图 4-19 所示。

图 4-19

利用该图片绘制相应的词云，示例代码如下：

```
back_color = imread('西红柿 .jpg')   # 解析图片

wc = WordCloud(background_color='white',   # 背景颜色
               max_words=200,      # 最大词数
               mask=back_color,    # 以该参数值作图绘制词云，这个参数不为空时，
                                   # width 和 height 会被忽略
               max_font_size=300,   # 显示字号的最大值
               font_path="C:/Windows/Fonts/STFANGSO.ttf",   # 解决显示口
                      # 型字符乱码问题，可进入 C:/Windows/Fonts/ 目录更换字体
               random_state=42,    # 为每个词返回一个 PIL 颜色
               # width=1000,       # 图片的宽度
               # height=860        # 图片的高度
               )
tomato_count = Counter(words_list)
wc.generate_from_frequencies(tomato_count)
# 基于彩色图像生成相应的颜色
image_colors = ImageColorGenerator(back_color)

# 绘制词云
plt.figure()
plt.imshow(wc.recolor(color_func=image_colors))
plt.axis('off')
```

最终效果如图 4-20 所示。

图 4-20

4.2 懂 R 语言

4.2.1 概览

R 语言在数据分析师的工作中占据非常重要的地位，使用 R 语言可以快速地进行相关分析，并且能够生成具有较强可读性的图表。与 Python 相比，虽然 R 语言在处理大数据量的训练集时可能会略显不足，但是由于它本身就是针对统计学内容而设计的，因此包含了很多在分析工作中要用到的检验及分析方法。

R 语言在统计领域被广泛使用，它是 S 语言的一个分支，可以认为它是 S 语言的一种实现，主要用于统计分析、绘图。R 语言也是一个自由的、免费的、开源的软件，它是一个用于统计计算和统计制图的优秀工具。

从 R 语言的官方网站中下载 R 语言，下载界面如图 4-21 所示。

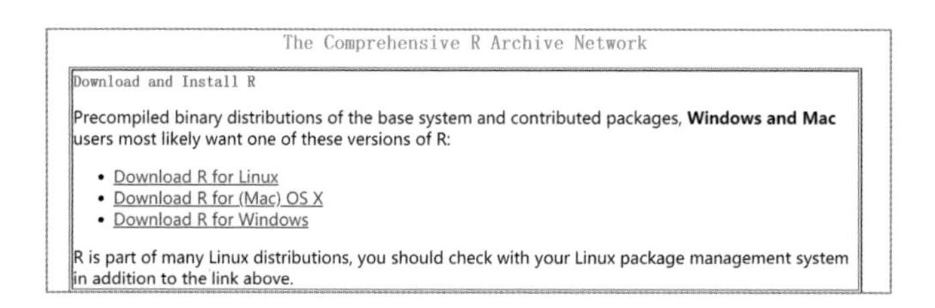

图 4-21

下载完成后进行安装，安装完成后，R 语言自带的编辑界面如图 4-22 所示。

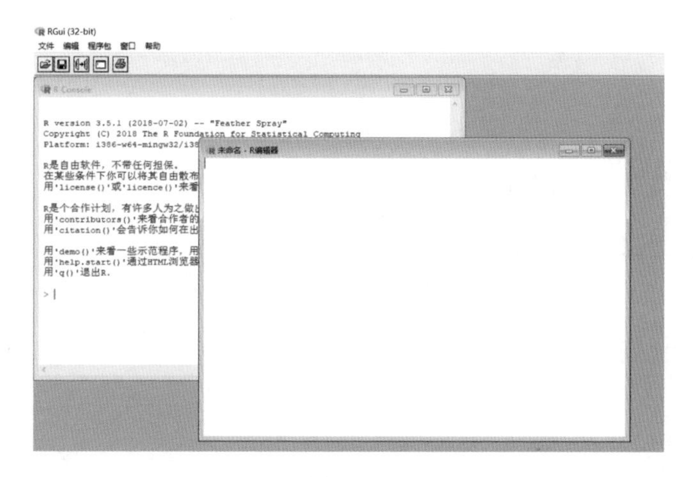

图 4-22

R 语言自带的编译界面使用起来并不是很方便，会影响工作效率，需要使用 RStudio，一个专门为 R 语言设计的 IDE。从 RStudio 的官方网站中下载 RStudio，其安装过程不是很复杂，安装完成后，RStudio 的界面如图 4-23 所示。

可以看到，RStudio 的界面与 Spyder 的界面非常相似，建议同时使用 Python 和 R 语言的读者选择这两个 IDE，以尽可能减少切换带来的适应成本。

与 Python 相同，R 语言也是通过安装一些包来扩展功能的。常用的安装包的方法如下：

- 通过菜单：程序包 -> 安装程序包，在弹出的对话框中选择要安装的包，然后确定。
- 使用命令：install.packages("package_name")。

- 本地安装。
- 通过 GitHub 安装 ：install.packages("devtools") install_github("A","B")。

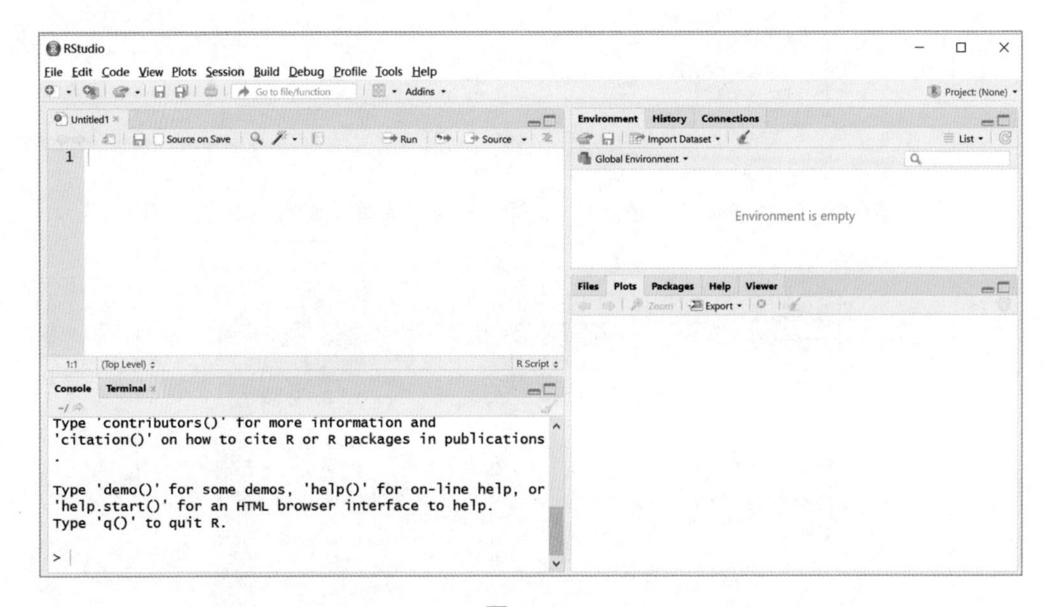

图 4-23

下面是 R 语言中常用的一些运算符。

- 赋值运算符：<-、=。
- 算术运算符：+、-、*、/、%%、%/%、^、log。
- 关系运算符：>、<、==。
- 逻辑运算符：&、|、!。

下面对 R 语言中常用的数据类型和对象类型进行介绍。

数据类型：变量取值的类型，主要有数值型、字符型、逻辑型等。示例代码如下：

```
## 数值型
var_1 <- 2
print(var_1)
class(var_1)

## 字符型
var_2 <- 'text'
```

```
print(var_2)
class(var_2)

## 逻辑型
var_3 <- TRUE
print(var_3)
class(var_3)
```

输出结果如下：

```
2
 "numeric"

 "text"
 "character"

 TRUE
 "logical"
```

对象类型：R 语言组织和管理内部元素的方式，主要包括向量、数组、列表、矩阵、数据框、因子。

关于数组和列表，示例代码如下：

```
## 数组
arr_1 <- c(14,5,6)
print(arr_1)
print(arr_1[2])
class(arr_1)

arr_2 <- c('a','b','c')
print(arr_2[2])
class(arr_2)

## 列表
list_1 <- list(num = arr_1,str = arr_2)
print(list_1$num)
print(list_1$str)
class(list_1)
```

输出结果如下：

```
 14  5  6
 5
```

```
"numeric"

"b"
"character"

14  5  6
"a" "b" "c"
"list"
```

可以看到，数组和列表的区别在于，数组是由数据类型相同的元素按照一定顺序构成的，元素同为数值型或者其他类型，元素是有序的，可以用 [*x*] 这样的方法取出数组内的元素。需要注意的是，与 Python 不同，R 语言的数组是从 1 开始编号的，而不是从 0 开始的。列表则可以将不同类型的元素放到一起，且列表内的元素是无序的，不可以用 [*x*] 这样的方法取出元素，需要用“$”符号取出元素。

关于数据框，示例代码如下：

```
## 数据框
df_1 <- data.frame(num = arr_1, str = arr_2)
print(df_1)
class(df_1)
lapply(df_1, 'class')
```

输出结果如下：

```
    num str
1  14   a
2   5   b
3   6   c

 "data.frame"

$`num`
[1] "numeric"
$str
[1] "factor"
```

数据框也是 R 语言中常用的一种对象类型，使用 lapply 方法可以查看到数据框中每一列数据的类型。可以看到，arr_2 中的数据应该是字符型，但结果显示的却是 factor。factor 是 R 语言中一种特殊的对象类型。在数据挖掘模型中，变量会分为数值型和类别型两种，factor 对应的就是类别型变量。

关于因子，示例代码如下：

```
## 因子
fac_1 <- as.factor(arr_1)
print(fac_1)
class(fac_1)
as.numeric(fac_1)
as.numeric(as.character(fac_1))
```

输出结果如下：

```
14 5  6
Levels: 5 6 14

"factor"

3 1 2

14  5  6
```

由于 R 语言中有专门的 factor 对象类型，使得在数据挖掘中处理哑变量（dummy variable）时要方便得多，可以实现数值型和类别型的相互转换。但是从类别型转换到数值型时要格外注意，不可以直接使用 as.numeric()，否则返回的结果是 factor 中元素在内部的排序。而是需要先使用 as.character() 转换成字符型，然后再使用 as.numeric()。

在 R 语言中，判断语句的语法格式如下：

```
if(判断条件 1){
    执行语句 1
} else if(判断条件 2){
    执行语句 2
} else if (判断条件 3){
......
    执行语句 3
} else{
    执行语句 n
}
```

在上面的语法格式中，当判断条件 1 成立时，执行语句 1；当判断条件 1 不成立时，判断条件 2，若判断条件 2 成立，则执行语句 2……若判断条件都不成立，则自动执行 else 中的语句。需要注意的是，若前面的判断条件成立，则后面不会再进行判断，所以要求各个判断条件之间是互斥的，否则会出现问题。

例如，利用判断语句计算一个整数除以 4 之后的余数，并输出。示例代码如下：

```
i = 37
if(i %% 4 ==0){
    print('i 可以被 4 整除')
} else if (i %% 4 ==1){
    print('i 除以 4 的余数是 1')
} else if (i %% 4 == 2){
    print('i 除以 4 的余数是 2')
} else{
    print('i 除以 4 的余数是 3')
}
```

最终输出结果为：i 除以 4 的余数是 1。

在 R 语言中，for 循环语句的单层循环的语法格式如下：

```
for(循环条件){
    执行语句
}
```

可以在单层循环的基础上进行多层循环，其语法格式如下：

```
for(循环条件 1){
    for(循环条件 2){
    执行语句
    ……
    }
}
```

比如计算 1!+2!+…+10!，就可以采用双层循环。示例代码如下：

```
sum = 0
for (i in 1:10){
    this_sum = 1
    for (j in 1:i){
        this_sum = this_sum * j
    }
    sum = sum + this_sum
}
```

最终输出结果为 4037913。

首先遍历“循环条件 1”中的所有值，按照顺序选取其中的某个值之后，固定这个值，然后遍历“循环条件 2”中的所有值，依次执行语句，接下来再选取“循环条件 1”中的下一个值，如此往复完成循环。

还有一种 while 循环语句，其语法格式如下：

```
while(判别条件){
    执行语句
    修改判别条件语句
}
```

在 while 循环语句中，首先通过“判别条件”决定是否执行语句。需要注意的是，循环中一定要有“修改判别条件语句”，否则会造成死循环。比如下面的 while 循环语句，就会造成死循环：

```
i = i
sum = 0
while(i<=10){
    sum = sum + i
}
```

此时增加“修改判别条件语句”，即可解决问题。示例代码如下：

```
i = i
sum = 0
while(i<=10){
    sum = sum + i
    i = i + 1
}
print(i)
```

最终输出结果为 11。

另外，还需要了解 R 语言中的函数用法。比如，下面的函数用来计算 1 ~ n 之间的质数个数。示例代码如下：

```
CalcPrimeNum <- function(max_num){
  if(!(max_num>1&round(max_num)==max_num)){
    return('传参错误')
  }
  prime_count <- 0
  for(i in 2:max_num){
    fac_count<-0
```

```
    for(j in 1:i){
      if(i%%j==0){
        fac_count <- fac_count+1
      }
    }
    if(fac_count==2){
      prime_count <- prime_count+1
    }
  }
  return(prime_count)
}
CalcPrimeNum(100)
```

最终输出结果为 25。

4.2.2 数据分析——DataFrame

本节介绍 R 语言中重要的对象类型 DataFrame（数据框）以及相应的操作。

下面举例进行说明。示例代码如下：

```
## 读取 CSV 文件并查看
job_data <- read.csv('D:/R 语言 /R 语言数据分析 .csv')
View(job_data)
```

首先通过 read.csv 读取 CSV 文件，然后执行 View(job_data) 语句，可以看到数据框的数据，这些数据是通过网络爬虫从网络上爬取到的互联网数据类工作岗位招聘信息，如图 4-24 所示。

	adv	city	diploma	experience	name	req	salary_high	salary_low
1	"团队大牛多、成长空间大"	北京	本科	经验1～3年	数据分析师	中级	20	13
2	"氛围轻松,周末双休"	北京	本科	经验1年以下	数据分析	教育 SPSS 数据管理	9	5
3	"年终奖,餐补,员工旅游,年度体检"	深圳	本科	经验3～5年	数据分析师	大数据 数据挖掘	20	15
4	"金融行业,长期稳定,项目规模大,数据分析"	南京	不限	经验3～5年	数据分析师	Spark Hadoop Hive 数据建模 大数据分析	14	7
5	"数据分析"	重庆	本科	经验3～5年	数据分析师	大数据 数据挖掘	10	5
6	"周末双休,五险一金,年底双薪"	北京	本科	经验3～5年	数据分析师	大数据 SPSS SAS	30	15
7	"五险一金,年终奖励,中餐补贴,定期体检"	贵阳	大专	经验3～5年	数据分析师	数据挖掘 SPSS	12	6
8	"绩效奖金,年终分红,活跃团队,餐补"	上海	本科	经验1～3年	数据分析师	年终奖 午餐补助 弹性工作 美女多	13	9
9	"超长年假,海外旅行,美女如云,绩效奖金"	上海	大专	经验1～3年	数据分析师	银行 电商 京东 SPSS 数据管理	8	6
10	"高薪,五险一金,带薪年假,发展空间大"	广州	本科	经验3～5年	大数据分析师	后端开发 Java 数据挖掘Hadoop	42	21
11	"五险一金,平台发展,工作环境,作五休二"	上海	本科	经验5～10年	数据分析	资深 大数据 业务运营 数据挖掘 SPSS	25	15
12	"500强,互联网"	南京	本科	经验3～5年	数据分析师	用户研究	25	15
13	"公司氛围好,领导不错,90后居多,福利多多"	北京	本科	经验1～3年	数据分析	广告营销 建模 SPSS	7	4
14	"发展平台好,薪资待遇优,五险一金,办公环境优"	北京	本科	经验3～5年	数据分析师	中级 数据挖掘 可视化 SPSS SAS	24	12
15	"股票期权,年终分红,扁平化管理,发展机会多"	宁波	本科	经验1～3年	数据分析师	金融 专员 大数据 数据挖掘	24	12

图 4-24

现在基于以上数据，对数据框进行相关操作。可以添加一列，计算每条薪资数据的平均值，并查看每一列数据的类型。示例代码如下：

```
## 添加新列，计算最高薪资和最低薪资的平均值
job_data$salary <- (job_data$salary_high + job_data$salary_low)/2
lapply(job_data,'class')
```

也可以删除不需要的列，方法是将 NULL 值赋给该列，就可以起到删除列的效果。示例代码如下：

```
## 删除列
job_data$num <- 1:nrow(job_data)
job_data$num <- NULL
```

还可以进行筛选和聚合操作，示例代码如下：

```
## 筛选数据，只看北京等 5 个城市的数据
job_data_main <- subset(job_data,city %in% c('北京','上海','广州','深圳','杭州'))

## 聚合数据，计算各个城市薪资的平均值
city_job_data <- aggregate(job_data_main$salary,by=list(job_data_main$city,
                           job_data_main$experience),FUN=mean)
colnames(city_job_data) <- c('city','experience','salary')
```

在上面的代码中，使用了 aggregate 函数进行聚合操作。aggregate 是 R 语言的内置函数，可以完成基本的聚合操作。

下面给出排序和连接的方法。需要说明的是，对于大数据集的连接操作，尽量在数据库中通过 SQL 语句来完成，因为在 R 语言中多表连接的效率要远低于在数据库中进行操作的效率。示例代码如下：

```
## 数据排序，按照城市的薪资平均值从高到低进行排序
city_job_data[order(city_job_data$salary,decreasing = T),]
## 数据框连接，将各个岗位的薪资和城市的薪资平均值进行对比
merge_job_data <- merge(job_data_main,city_job_data,
     by=c('city','experience'),all.x = T,suffixes = c('','_city'))
```

在实际工作中，经常要进行比较复杂的聚合操作，使用上面提到的 aggregate 函数不是很方便，这时就可以使用 dplyr 和 plyr 包中的方法。

使用 dplyr 包，可以像操作数据库一样操作 R 语言，方便、轻松、快捷。dplyr 包中有一个非常实用的管道函数“% >%”，其作用是将上一步的结果直接传参给下一步的函数，从而省略了中间的赋值步骤，可以大量减少内存中的对象。通过“%>%”可以快速实现数据框的一些操作，如变量筛选（select）、条件过滤（filter）、添加新列（mutate）等。

现在需要计算出各个岗位的薪资平均值，并筛选出薪资大于 20 000 元的岗位，最终只保留城市、岗位名称和薪资三列。示例代码如下：

```
library(dplyr)
job_data %>% mutate(slary = (salary_high + salary_low)/2 )
        %>% filter(city %in% c('北京','上海','广州','深圳','杭州'))
        %>% select(job_name,city,salary)
```

可以看到，通过 dplyr 包中的“%>%”，可以非常方便地操作数据框。对于聚合操作，可以使用 plyr 包中的 ddply 函数，代码如下：

```
library(plyr)
## 聚合数据，计算各个城市的薪资平均值
city_job_data <- ddply(job_data,.(city),summarise,city_salary =
mean(salary))
```

在数据分析师面试中，对 R 语言的考核基本上是围绕数据框展开的，因此这部分需要格外重视。

4.2.3 数据可视化——ggplot2

R 语言除了可以非常方便地处理数据，它的另一个强大之处是可视化，其中最大的功臣就是 ggplot2 包以及相应的衍生包。通过 ggplot2 包，可以绘制出非常直观且美观的图表。本节会继续使用 4.2.2 节中给出的招聘数据。

ggplot2 的核心理念是将绘图与数据分离，并且按图层作图，使其更具灵活性。使用 ggplot2 绘图有以下几个特点：

- 有明确的起始（以 ggplot 函数开始）与终止（一条语句代表一个图）。
- 图层之间的叠加是通过“+”号实现的，越后面其图层越高。

将代码模板理解成如下公式：

ggplot(data = , aes(x = , y =)) + geom_XXX(…) + … + stat_XXX(…) + … + annotate(…) + … + labs(…) + scale_XXX(…) + coord_XXX(…) + guides(…) + theme(…) + facet_XXX(…)

下面介绍一些基本的图表绘制操作。示例代码如下：

```
######################ggplot2 图表绘制 ###############
## 盒形图
ggplot(job_data_main,aes(x=city,y=salary_high,fill=city))+
  geom_boxplot()
## 散点图
ggplot(job_data_main,aes(x=salary_low,y=salary_high,col=experience))+
  geom_point(size=3.5)
## 柱形图
ggplot(city_job_data,aes(x=city,y=salary,fill=experience))+
  geom_bar(stat='identity',position='stack')
## 条形图
ggplot(city_job_data,aes(x=city,y=salary,fill=experience))+
  geom_bar(stat='identity',position='dodge')+coord_flip()
```

绘制结果分别如图 4-25 至图 4-28 所示。

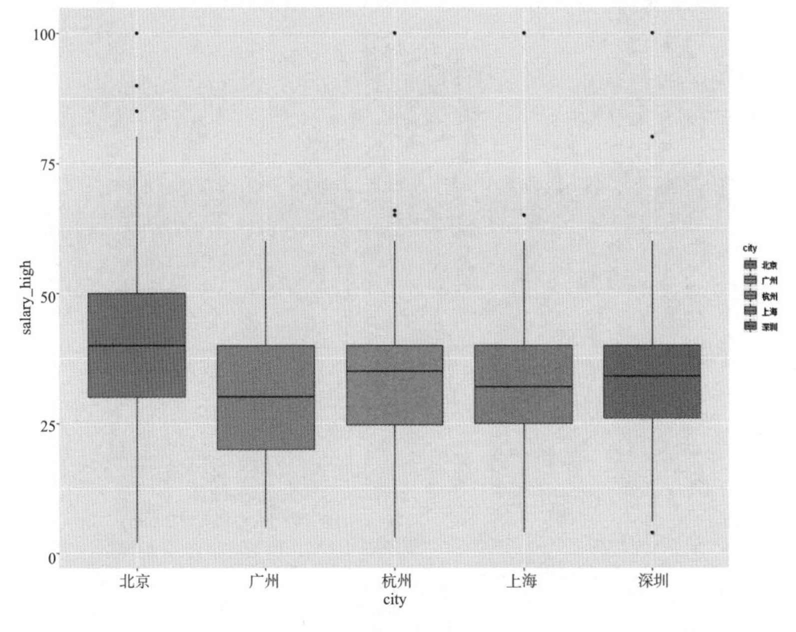

图 4-25

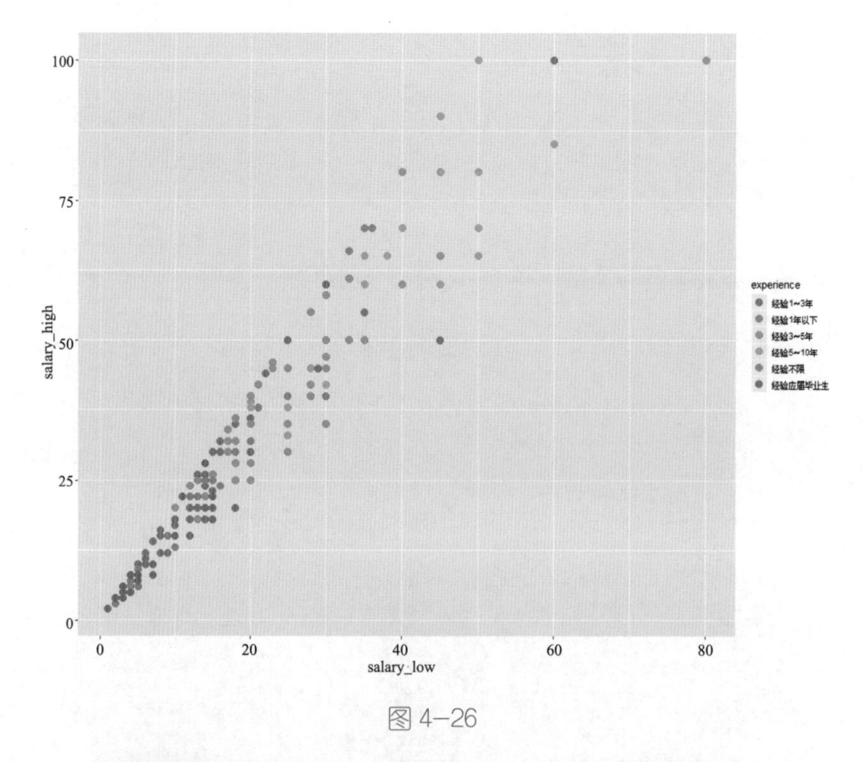
100
75
50
25
0
salary_high
0
20
40
60
80
salary_low
experience
经验1~3年
经验1年以下
经验3~5年
经验5~10年
经验不限
经验应届毕业生

图 4-26

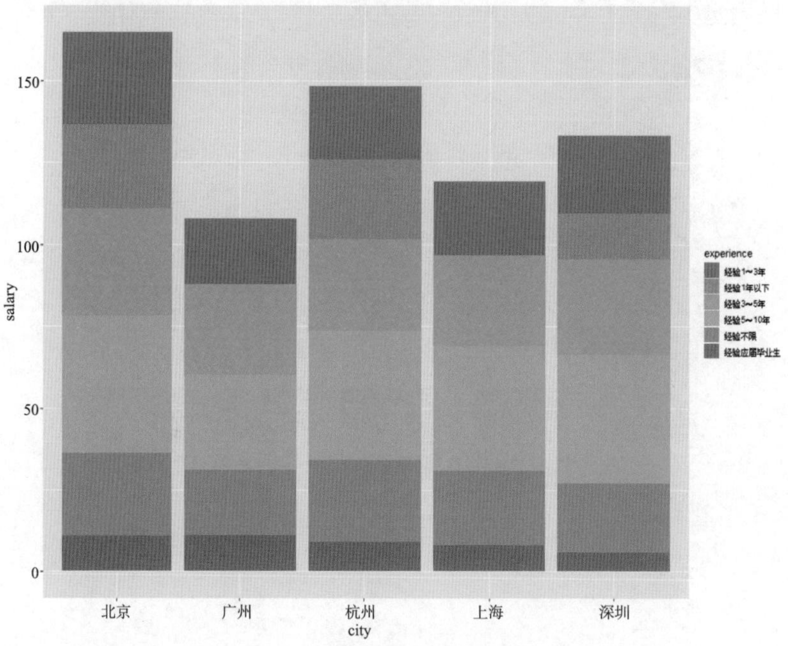
150
100
50
0
salary
北京
广州
杭州
上海
深圳
city
experience
经验1~3年
经验1年以下
经验3~5年
经验5~10年
经验不限
经验应届毕业生

图 4-27

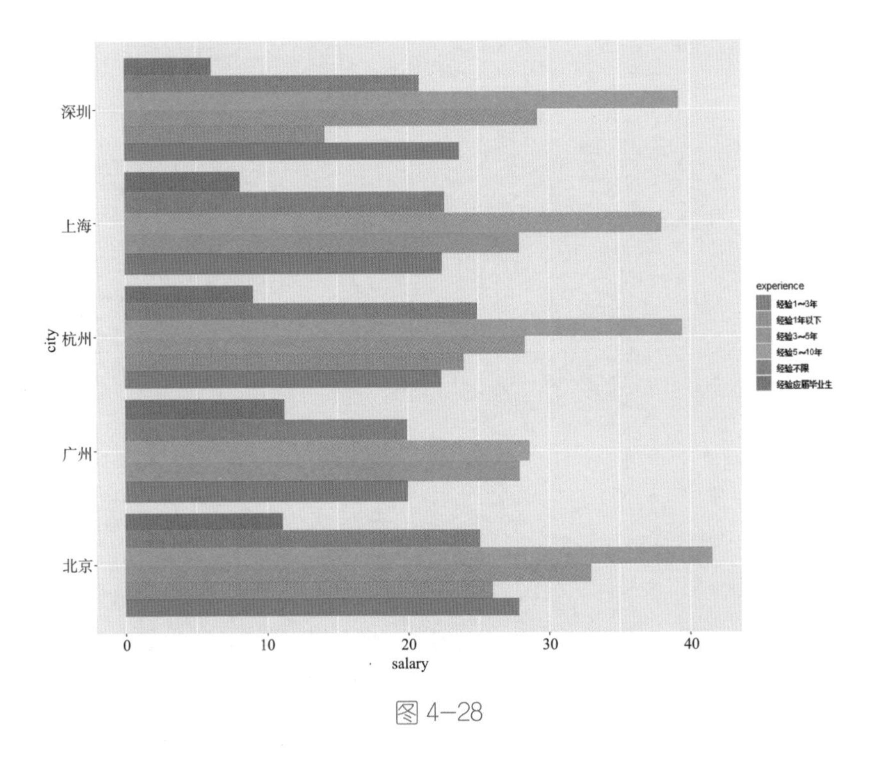

图 4–28

可以看到，上面绘制的图表都是单图的形式，如果需要多个图表展示该如何操作？这时就需要用到 facet_grid() 和 facet_wrap() 函数进行分面操作。它们的区别在于，facet_wrap() 是基于一个因子进行设置的，其表示形式为：~变量（~单元格）；而 facet_grid() 是基于两个因子进行设置的，其表示形式为：变量~变量（行~列），如果用点来表示一个因子，则可以达到 facet_wrap() 的效果。

示例代码如下：

```
######################## 多个图表绘制 ###################
ggplot(job_data_main,aes(x=salary_low,y=salary_high,col=experience))+
  geom_point(size=2.5)+facet_grid(.~city)
ggplot(job_data_main,aes(x=salary_low,y=salary_high,col=experience))+
  geom_point(size=2.5)+facet_grid(city~.)
ggplot(job_data_main,aes(x=salary_low,y=salary_high,col=experience))+
  geom_point(size=2.5)+facet_wrap(~city,ncol = 2)
```

绘制结果分别如图 4–29 至图 4–31 所示。

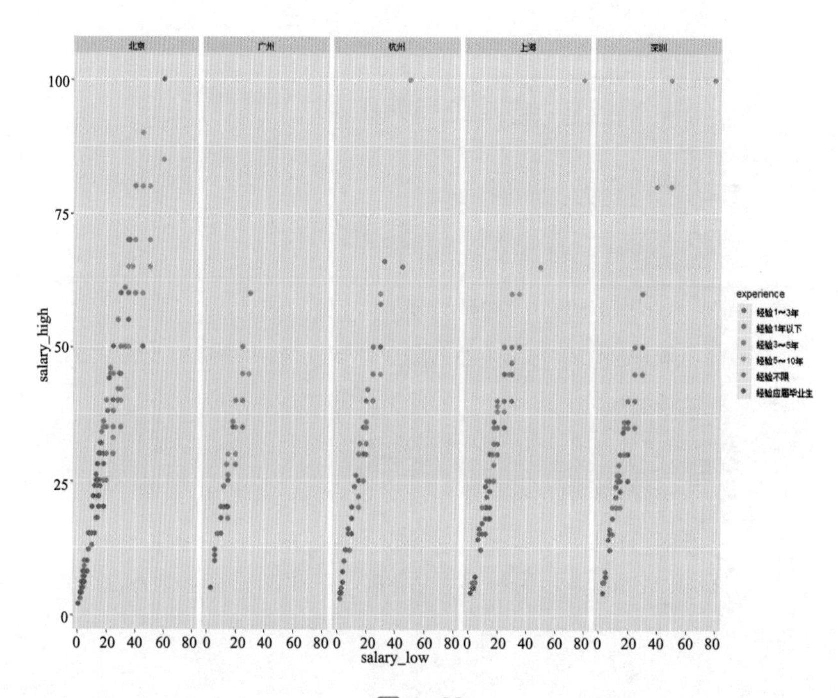
北京
广州
杭州
上海
深圳
salary_high
salary_low
experience
经验1~3年
经验1年以下
经验3~5年
经验5~10年
经验不限
经验应届毕业生

图 4-29

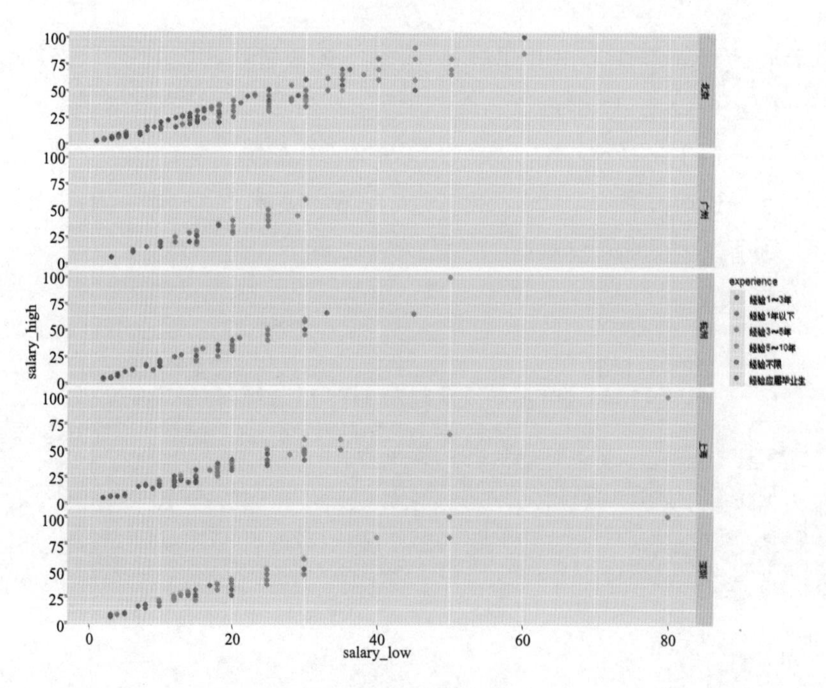
salary_high
salary_low
experience
经验1~3年
经验1年以下
经验3~5年
经验5~10年
经验不限
经验应届毕业生

图 4-30

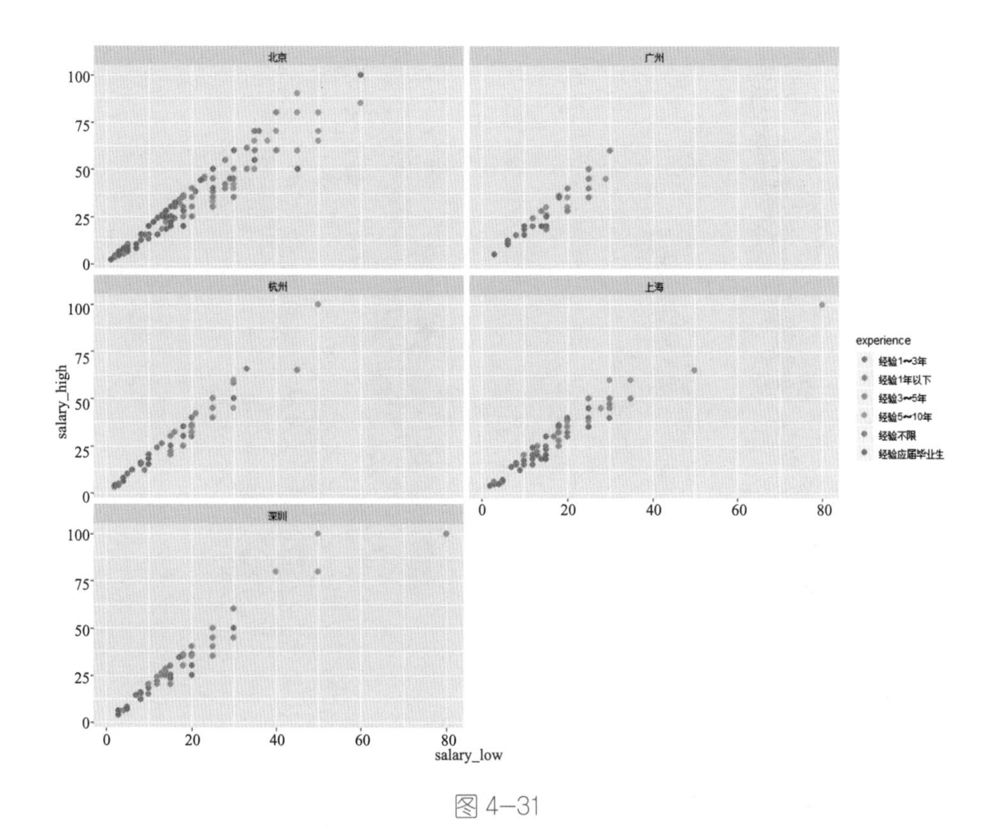

图 4-31

以上就是利用分面功能同时展示多个图表的方法。可以看到，利用分面功能可以大大增加每个图表的信息量，更加直观地进行各项对比。但并不是说对于任何问题都一定要利用分面功能，也需要根据实际情况进行选择。

在 ggplot2 中还可以利用 theme 函数统一修改样式，包括修改 x 轴和 y 轴标题、刻度、整个图表的标题、副标题以及去除网格线等。

去除网格线，示例代码如下：

```
######################theme 设置 ####################
## 去除网格线
ggplot(city_job_data,aes(x=city,y=salary,fill=experience))+
  geom_bar(stat='identity',position='dodge')+
  theme(panel.grid = element_blank())
```

绘制结果如图 4-32 所示。

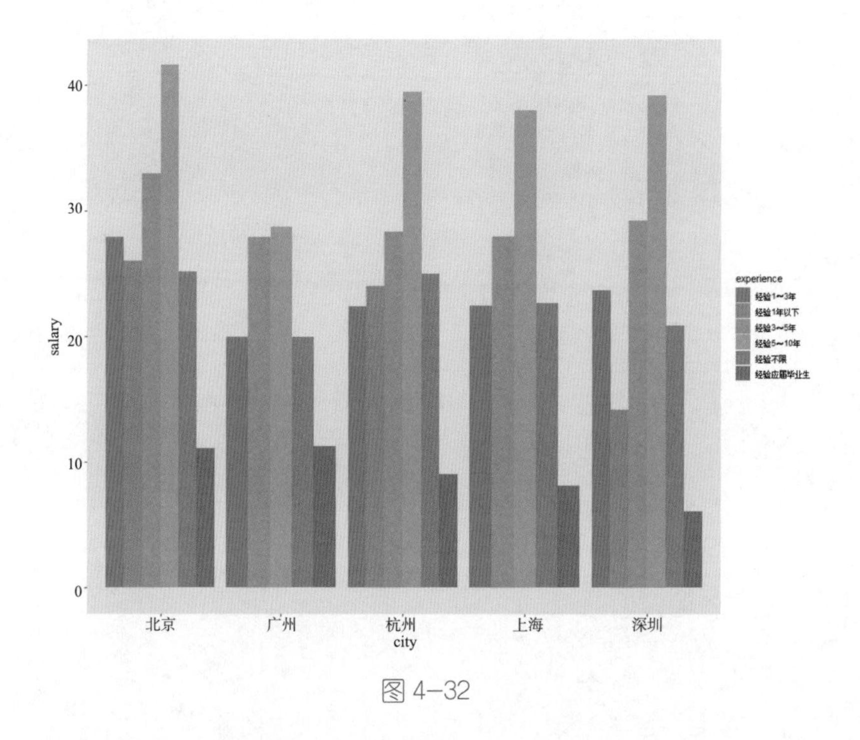

图 4-32

将 x 轴标题去掉，并将 x 轴的内容旋转 45°，示例代码如下：

```
## 将 x 轴标题去掉，并将 x 轴的内容旋转 45°
ggplot(city_job_data,aes(x=city,y=salary,fill=experience))+
  geom_bar(stat='identity',position='dodge')+
  theme(panel.grid = element_blank(),
        axis.text.x = element_text(angle=45),
        axis.title.x = element_blank())
```

绘制结果如图 4-33 所示。

添加标题，示例代码如下：

```
## 添加标题
ggplot(city_job_data,aes(x=city,y=salary,fill=experience))+
  geom_bar(stat='identity',position='dodge')+
  ggtitle('分城市对比工资')+
  theme(panel.grid = element_blank(),
        axis.text.x = element_text(angle=0,size=15),
        plot.title = element_text(hjust=0.5,size=25),
        axis.title.x = element_blank())
```

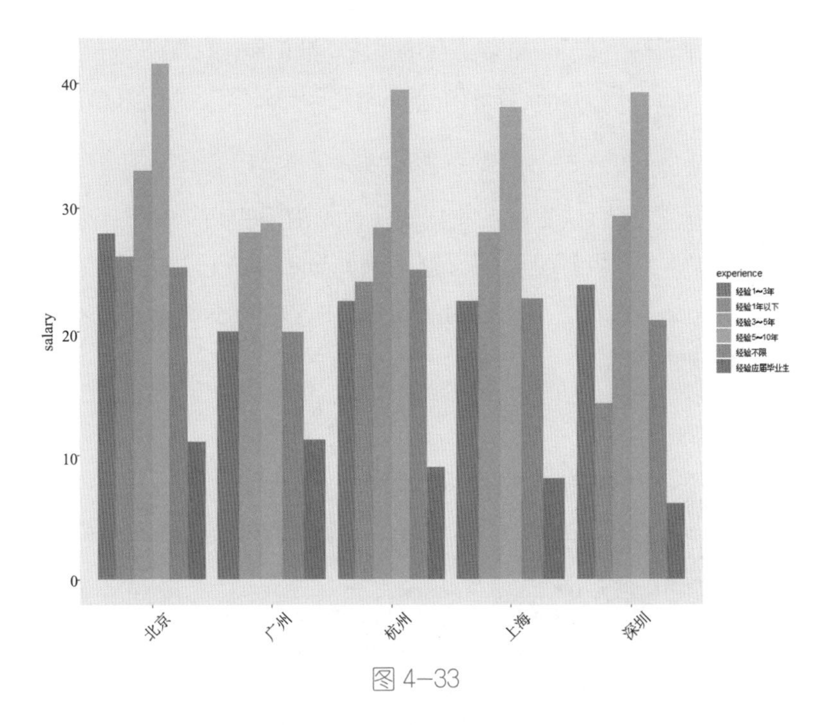

图 4-33

绘制结果如图 4-34 所示。

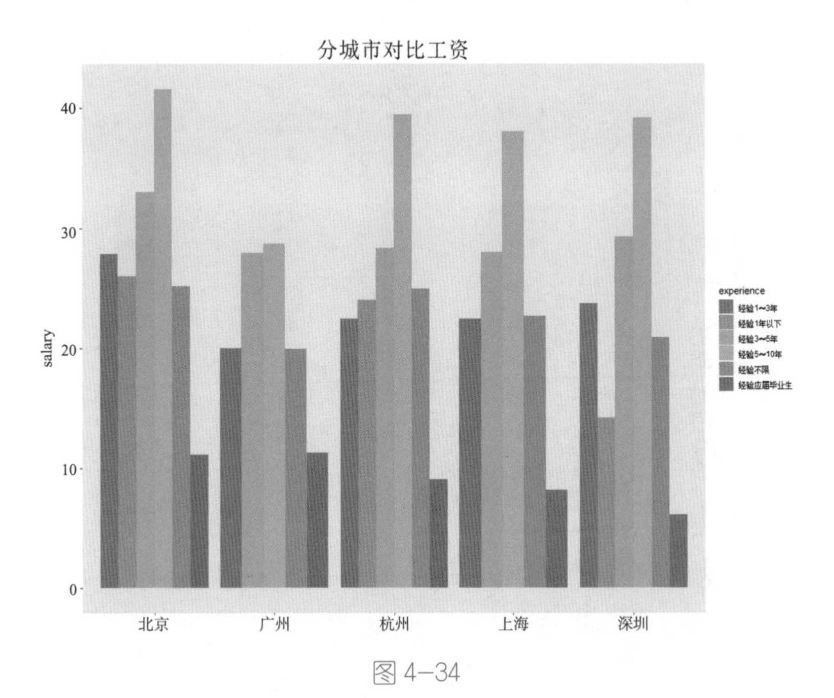

图 4-34

以上就是利用 R 语言的 ggplot2 包进行的一些可视化操作。关于 ggplot2 的衍生包，常用的有 ggthemes、ggmap、ggradar 等，其中 ggmap 和 ggradar 可以对图表做进一步的扩展，ggthemes 则可以美化图表。

ggthemes 提供了很多默认的配色和样式风格，常用的有 wsj（《华尔街日报》）和 economist（《经济学人》）两种风格。在安装好 ggthemes 包之后，只需要在 ggplot() 函数的后面加上 theme_economist()、scale_fill_economist() 或者 theme_wsj()、scale_fill_wsj()，即可运用两种风格进行对比。

示例代码如下：

```
###economist 模板
ggplot(city_job_data,aes(x=city,y=salary,fill=experience))+
  geom_bar(stat='identity',position='dodge')+
  ggtitle('分城市对比工资')+theme_economist()+scale_fill_economist()+
  theme(panel.grid = element_blank(),
        axis.text.x = element_text(angle=15,size=15),
        plot.title = element_text(hjust=0.5,size=25),
        axis.title.x = element_blank())
```

绘制结果如图 4-35 所示。

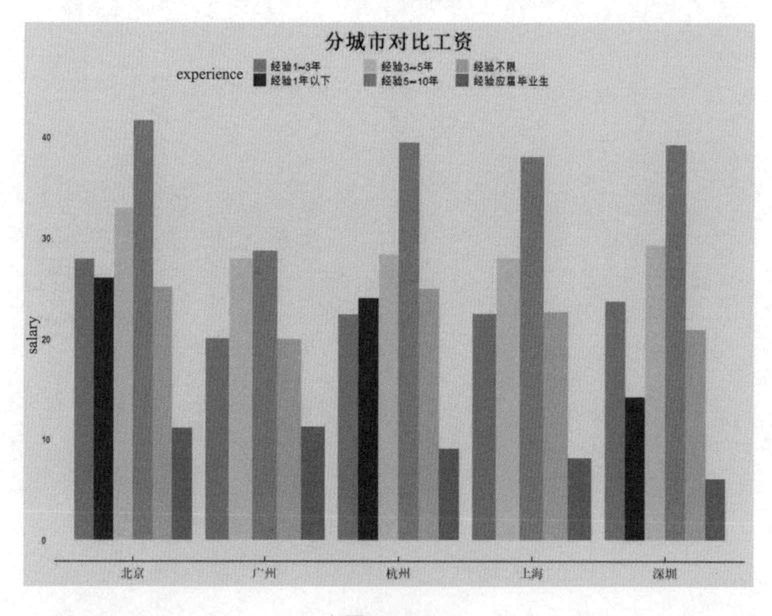

图 4-35

```
###wsj 模板
ggplot(city_job_data,aes(x=city,y=salary,fill=experience))+
  geom_bar(stat='identity',position='dodge')+
  ggtitle('分城市对比工资')+theme_wsj()+scale_fill_wsj()+
  theme(panel.grid = element_blank(),
        axis.text.x = element_text(angle=15,size=15),
        plot.title = element_text(hjust=0.5,size=25),
        axis.title.x = element_blank())
```

绘制结果如图 4−36 所示。

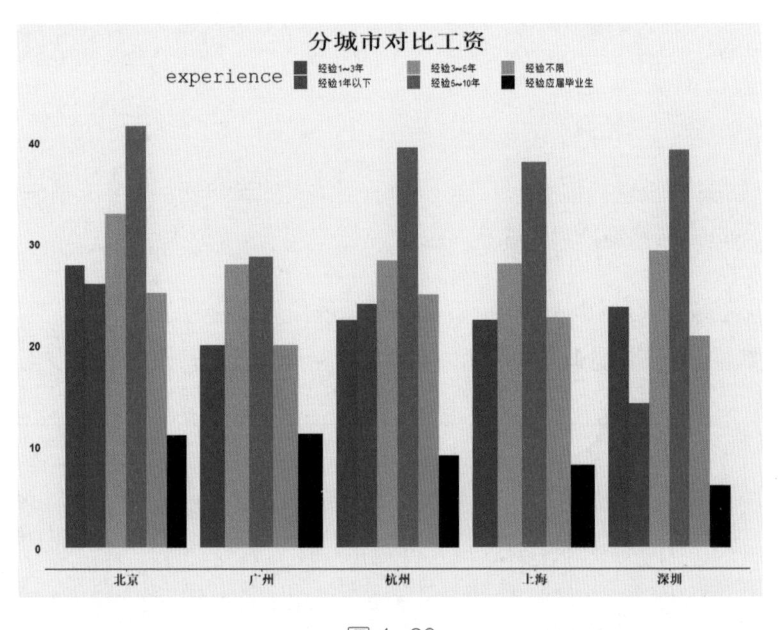

图 4−36

可以看到，使用模板绘制的图表可视化效果要好于 ggplot2 原始的可视化效果。

4.2.4　数据挖掘——以线性回归分析为例

线性回归分析是数据分析师必备的技能。线性回归分析通常应用在需要敏捷分析的场景中，且依赖很多统计学知识，因此使用 R 语言来进行相关分析会有比较不错的效果。

本节通过一个案例来进行讲解。这个案例来自真实的面试题目，需要通过建立线性回归模型，预测各个酒店未来一段时间每天的订单量。数据如图 4-37 所示，其中 y 是要预测的值。

X	y	v1	v2	v3	v4	v5	v6	v7	v8	v9	v10	date	high	level
1	22	1.18651489	1.877497237	-0.13758012	1.994358524	0.67876279	1.04797673	0.73317107	1.521556775	2.29036368	-0.40349846	2018/5/2	1.04395399	1
2	23	2.89781252	4.891495307	3.80251778	5.378140363	4.01755174	3.39991165	6.23017039	4.589363524	2.76631628	3.53291861	2018/5/2	4.43001500	3
3	21	2.13790830	6.581006183	4.14835016	5.893077679	4.75654980	6.00961577	4.14739597	4.459492449	3.89372061	3.47624519	2018/5/2	4.85104051	0
4	24	4.48672722	2.613643252	3.85166380	4.440332306	4.05414593	4.76275373	4.19461533	3.501084150	3.87291061	4.45348245	2018/5/2	4.15416038	3
5	22	5.28520411	6.044873965	7.15575796	6.545217003	2.63661919	2.66497097	4.49873650	4.471910624	3.92663599	4.34685917	2018/5/2	4.33954936	0
6	32	9.25442670	8.603178052	8.40969839	10.989754210	10.47814328	9.49540330	8.91609941	9.268006011	9.65398607	7.81744405	2018/5/2	9.72497531	7
7	26	6.19534428	7.384995251	4.87502410	7.155952508	6.73691062	7.48356476	6.51980696	6.546679769	6.66523077	6.63669232	2018/5/2	6.79091407	0
8	22	1.95448215	0.604398275	0.87130650	1.441697601	1.83646037	1.09791645	0.82234372	-0.311870297	1.16462388	0.77673296	2018/5/2	0.90690669	4
9	25	0.16083203	1.056890695	0.80050681	1.143295667	1.05380363	-0.08066673	-0.03528401	0.225547645	0.59739885	-0.13711340	2018/5/2	0.97789441	3
10	26	1.20007642	-0.118877648	-2.32628046	-0.748844306	0.51779519	0.08912191	-0.06023679	-1.211179947	-0.64708835	0.22753155	2018/5/2	0.37863498	1
11	22	0.10130995	0.646636279	0.03037024	0.205205647	-0.49923800	0.52503970	1.13528507	0.638232814	0.83472042	1.34677972	2018/5/2	0.93629986	7
12	22	6.21304439	4.382480415	5.11348669	5.468315468	5.36102464	8.64392090	5.69967913	6.391216110	6.48989709	5.86626994	2018/5/2	5.54690474	3
13	24	0.33467932	1.053810055	0.57163718	0.070363293	0.29709927	1.19296194	3.02283082	1.928892970	2.35386885	0.05874567	2018/5/2	0.82051385	6

图 4-37

首先建立基本的线性回归模型，将没有任何意义的单纯表示排序的第一列去除，并将除 y 之外的所有变量都视为自变量。

另外，在原始的数据集中，date 变量不具有任何意义，通过绘制样本集结果在不同 date 下的折线图，可以发现 date 的周期大约为 7 天，符合我们通常的认知，如图 4-38 所示。

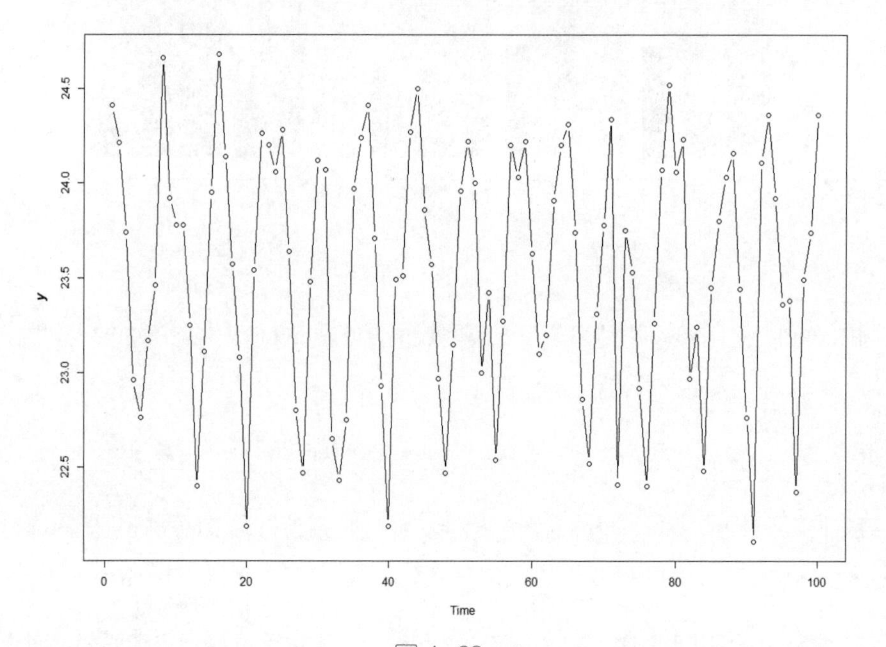

图 4-38

于是需要将 date 转化为星期，示例代码如下：

```
######################## 线性回归模型 ################
## 设置工作路径
setwd('D:/R 语言 /')
library(MASS)
library(DAAG)

## 读取 CSV 文件
train <- read.csv('train.csv')
test <- read.csv('test.csv')
### 处理数据 ###
train_set <- subset(train, select=-c(1))
test_set <- subset(test, select=-c(1))
## 处理 date 数据，将 date 数据转化为时间序列数据
mean_t <- aggregate(train$y,by=list(train$date),FUN=mean)$x
ts_date <- ts(mean_t)
plot(ts_date, type = 'b', ylab = 'y')
## 将 date 转化为星期作为变量
train_set$date <- as.factor(weekdays(as.Date(train_set$date)))
test_set$date <- as.factor(weekdays(as.Date(test_set$date)))
## 建立模型
full <- lm(y~ ., data = train_set)
```

现在我们使用 summary 函数看一下当前模型的情况，如图 4−39 所示。

```
lm(formula = y ~ ., data = train_set)

Residuals:
    Min      1Q  Median      3Q     Max
-5.0988 -0.8624 -0.0295  0.8643  5.5941

Coefficients:
             Estimate Std. Error t value Pr(>|t|)
(Intercept) 19.885633   0.055240 359.984  < 2e-16 ***
v1           0.039058   0.013031   2.997  0.00273 **
v2           0.006670   0.012997   0.513  0.60783
v3          -0.075449   0.012898  -5.850 5.08e-09 ***
v4          -0.060235   0.012975  -4.642 3.49e-06 ***
v5           0.021382   0.012885   1.659  0.09707 .
v6          -0.052481   0.013184  -3.981 6.92e-05 ***
v7          -0.187919   0.012985 -14.472  < 2e-16 ***
v8          -0.091272   0.012986  -7.029 2.22e-12 ***
v9           0.007785   0.013172   0.591  0.55451
v10         -0.084426   0.012992  -6.499 8.50e-11 ***
date星期六   0.313240   0.049229   6.363 2.07e-10 ***
date星期日  -0.304000   0.049231  -6.175 6.88e-10 ***
date星期三   0.682397   0.048407  14.097  < 2e-16 ***
date星期四   1.041727   0.048407  21.520  < 2e-16 ***
date星期五   0.888099   0.049231  18.039  < 2e-16 ***
date星期一  -0.881347   0.049227 -17.904  < 2e-16 ***
high         0.910493   0.041432  21.975  < 2e-16 ***
level        0.140876   0.005705  24.693  < 2e-16 ***
m1           0.275511   0.005783  47.644  < 2e-16 ***
m2          -0.279096   0.007062 -39.520  < 2e-16 ***
m3           1.557368   0.045051  34.569  < 2e-16 ***
---
Signif. codes:  0 '***' 0.001 '**' 0.01 '*' 0.05 '.' 0.1 ' ' 1

Residual standard error: 1.302 on 9978 degrees of freedom
Multiple R-squared:  0.572,     Adjusted R-squared:  0.5711
F-statistic: 634.9 on 21 and 9978 DF,  p-value: < 2.2e-16
```

图 4−39

可以看到，模型还有很大的提升空间，很多变量的显著性不是很明显，可以去掉，避免过拟合，同时也可以引入交互项和高次项。下面就对模型做进一步的修改，引入交互项和高次项，同时通过 AIC 和 BIC 方法进行变量筛选。

示例代码如下：

```
####################### 引入交互项和高次项 ################
train_set$m12 <- train$m1*train$m2
train_set$m23 <- train$m2*train$m3
train_set$m13 <- train$m1*train$m3
train_set$high_sq <- train_set$high^2

####################### 变量筛选 ################
full <- lm(y~ ., data = train_set)
step <- stepAIC(full, direction="both",trace=0)
summary(step)
step <- stepAIC(full, direction="both", k = log(nrow(train_set)),
                trace=0)
summary(step)
fit_1 <- lm(y~., data = subset(train_set,select=-c(v2,v9)))
fit_2 <- lm(y~., data = subset(train_set,select=-c(v2,v5,v9,m12)))
```

通过 AIC 和 BIC 方法，选出了两个不同的线性回归模型。由于 BIC 引入了对变量数量的惩罚系数，因此它选出的变量更少。

现在通过交叉验证做进一步对比，示例代码如下：

```
####################### 交叉验证 ################
train_set_1 <- subset(train_set,select=-c(v2,v9))
set.seed(1)
k1 <- CVlm(data = train_set_1,fit_1, m=10,printit = F)
sum((k1$y-k1$cvpred)^2)/10000

train_set_2 <- subset(train_set,select=-c(v2,v5,v9,m12))
set.seed(1)
k2 <- CVlm(data = train_set_2,fit_2, m=5, printit =F)
sum((k2$y-k2$cvpred)^2)/10000
```

最终结果如图 4-40 所示。

通过对比两个模型的 MSE（均方误差），会发现使用 BIC 方法选出的模型的 MSE 更小，并且用到的变量更少。

```
> sum((k1$y-k1$cvpred)^2)/10000
[1] 1.427252

> sum((k2$y-k2$cvpred)^2)/10000
[1] 1.427233
```

图 4–40

接下来就选择该模型对测试集进行预测，并将结果写入 CSV 文件中。示例代码如下：

```
####################### 预测结果 ################
test_set$m23 <- test$m2*test$m3
test_set$m13 <- test$m1*test$m3
test_set$high_sq <- test_set$high ^2
y_pred <- predict(fit_2, test_set)
test_predict = test
test_predict$y <- y_pred
write.csv(test_predict,file = 'Prediction Result.csv')
```

4.3 掌握 SQL

4.3.1 数据库常见类型及单表查询 SQL 语句

前面提到 R 和 Python 主要用来进行数据分析工作，但是在分析前数据分析师需要将数据从数据库中提取出来，这时就需要用到 SQL 语句。SQL（Structured Query Language，结构化查询语言）是一种数据库查询和程序设计语言，用于存取数据，以及查询、更新和管理关系数据库系统。

通俗地讲，SQL 就是用来提取数据的语言。由于数据库类型以及数据存储方式的不同，对应的 SQL 语法也会有所区别，但是整体的 SQL 语法结构是统一的。目前在互联网公司的面试中，大多考查的是 Hive SQL 语句，因此大家在面试前应该将它作为准备的重点。

Hive 是基于 Hadoop 的一个数据仓库工具，可以将结构化的数据文件映射为一个数据库表，并提供类 SQL 查询功能，这种查询功能就是 Hive SQL。

Hadoop 是现在各大公司用得非常多的一种数据存储和计算架构系统，由 Apache 基金会开发，它可以使用户在不了解分布式底层细节的情况下开发分布式程序，充分利用集群的威力进行高速计算和存储。

Hadoop 主要解决了两大问题：大数据存储和大数据分析。这两个问题的解决分别依赖 HDFS 和 MapReduce。HDFS（Hadoop Distributed File System）是可扩展的、容错的、高性能的分布式文件系统，异步复制，一次写入、多次读取，主要负责存储。MapReduce 是分布式计算框架，包含 Map（映射）和 Reduce（归约）过程，负责在 HDFS 上进行计算。关于 HDFS 和 MapReduce 的介绍，作为数据分析师只需了解即可。

很多开发人员都是直接写 Java 语句来实现 Map 和 Reduce 过程的，从 HDFS 中提取数据，但是这一点对于数据分析师来说比较复杂，也不是很有必要这样做。Hive SQL 相当于将 SQL 语句转换成对应的 Java 语句来实现 Map 和 Reduce 过程。

虽然 Hadoop 系统可以存储并计算海量数据，满足互联网公司上亿数据量计算的需求，但这并不是说使用了 Hadoop 系统就可以解决所有的问题。因为很多时候需要在前端实时展示数据的变化情况，比如提供给 B 端用户的数据看板或者提供给运营人员的监控看板。从 HDFS 中实时获取数据后再展示在前端，会因为 Hadoop 系统本身启动慢而无法保证实时性。

这时就需要使用 MySQL 这种将数据存储在本地服务器上的关系数据库，对于单次计算量不是很大的查询能够很快地进行响应，获取相关结果，满足数据看板等实时展示数据的需要。但是当计算量非常大时，MySQL 的速度相比于 Hadoop 系统就会慢得多，并且可能会因为计算量过大使得任务被直接杀死。

目前通用的方法是在 Hadoop 中通过 Hive SQL 对原始数据集进行处理，尽量在 Hive 中完成大数据量的计算，之后将处理好的数据通过出仓的方式导入 MySQL 中。这样 MySQL 中的数据就是在原始数据的基础上进行加工得到的数据，前端进行调用时，可以直接获取或者进行非常简单的计算。

Hive SQL 和 MySQL 在语法规则上是相似的，掌握了其中的一种基本上就可以完成工作中的数据提取任务。下面就以 Hive SQL 为例进行讲解。

不涉及子查询的单表查询 SQL 语句的基本组成如下：

- select
- from
- where
- group by
- having
- order by

这些关键字的含义后面会进行介绍。

最终通过 SQL 语句查询获得的结果和原始的数据集都是以表的形式存储的，每一行表示一条记录，每一列表示一个字段。比如数据库中有一个名为 students_grade 的表，如表 4–2 所示。

表 4–2

name	subject	score	pt
张三	语文	80	2019–05–07
李四	数学	65	2019–07–08
……	……	……	……
张三	语文	90	2019–07–08

这个表存在问题，因为可能会出现学生同名的情况，那样就无法区分出每个学生的成绩了，所以需要额外增加一列“id”，作为区分同名学生的依据，如表 4–3 所示。

表 4–3

id	name	subject	score	pt
1	张三	语文	80	2019–05–07
2	李四	数学	65	2019–07–08
……	……	……	……	……
8	张三	语文	90	2019–07–08

在表 4–3 中，每条记录表示一次考试的成绩，同一个学生、同一个学科的成绩会因为考试日期的不同而出现多次。这里举一个简单的例子：计算所有学生各个学科在 2019 年的平均分，筛选出平均分超过 60 分的记录，并且最后以平均分进行降序排列。最终输出的结果如表 4–4 所示。

表 4–4

id	name	subject	avg_score	pt
1	张三	语文	86.5	2019–05–07
2	李四	数学	79.3	2019–07–08
3	王六	英语	78.5	2019–07–08
……	……	……	……	……
1	张三	数学	66	2019–07–08

示例代码如下：

```
select id,
       name,
       subject,
       avg(score) as avg_score
from students_grade
where pt >= '2019-01-01'
group by id,
         name,
         subject
having avg_score>=60
order by avg_score desc
```

通过上述例子，我们可以更加直观地了解 select 等关键字。这些关键字的执行顺序是：from –> where –> group by –> select –> having –> order by。只有了解了它们的执行顺序——并不是完全按照代码中书写的顺序来执行的，才会对后面的很多概念有更加清晰的理解。

from，后面跟着原表，最终的结果表是基于该表进行加工得到的。在上述例子中，原表是 students_grade。其全名是由库名和表名两部分组成的，用“.”连接，如 dw.students_grade。所以在表名中使用“_”进行连接，而不用“.”，避免引起歧义。

where，表示在计算前对原表的记录进行筛选。在上述例子中，要求的是 2019 年的数据，所以 where 条件就是 pt >= '2019-01-01'。Hive 中的大部分表是分区表，多数以 pt 进行分区，可以加快查询速度。当然，也可以使用其他分区字段。对于分区表，where 条件是不可或缺的，一定要在 where 条件中选择分区范围。

group by，用于分组。在上述例子中，由于要计算同一个学生、同一个学科的平均分，因此需要使用 group by id,name,subject。后面的聚合计算都是基于相同的学生和相同的学科进行的。

对于简单的不需要进行分组计算的查询，可以不使用 group by。比如只要求查询 2019-01-01 的所有记录，则直接写成 select * from students_grade where pt='2019-01-01' 即可。

在 from、where、group by 语句都执行完成后，才会开始执行 select 语句，这也是刚接触 SQL 时相对比较难以掌握的点。select 后面的就是最终会出现在结果表中的字段。其包含两部分：用于分组的字段和利用聚合函数计算出的字段。在上述例子中，用于分组的三个字段是 id、name 和 subject，avg(score) 就是利用聚合函数 avg() 计算出字段。

在 group by 语句存在的情况下，select 后的所有非聚合字段都会被视为分组字段，需要在 group by 语句中出现，否则就会报错；反之，在 group by 后出现的分组字段，不在 select 语句中出现，不会报错，但是会引起歧义。所以需要保证 select 后的非聚合字段和 group by 后的分组字段一一对应。

另外，在 select 语句中可以使用 as 为所有字段重命名，称为字段别名。对于通过聚合计算得到的字段，这一步是不可或缺的，否则会给出默认的没有任何含义的字段名。由于 group by 语句是在 select 语句前执行的，因此 select 语句中分组字段的别名不可以出现在 group by 语句中。这一点也是需要特别注意的地方。

having，只有存在 group by 语句时才会使用 having，没有 group by 语句而只有 having 会报错。having 主要用于对聚合计算后的字段进行筛选。并且由于 having 语句是在 select 语句之后执行的，所以可以直接使用字段别名。在上述例子中，就可以直接写“having avg_score>=60”。

order by，用于排序。其语法格式比较简单，“order by 字段名 asc/desc”，其中 asc 表示升序排列，desc 表示降序排列。可以像上面的例子一样基于一列进行排序，也可以基于多列进行排序，如“order by subject asc，avg_score desc”，首先按照学科进行升序排列，对于相同的学科再按照平均分进行降序排列。order by 语句也是在 select 语句之后执行的，所以也可以使用字段别名。

4.3.2 多表查询 SQL 语句

在很多查询场景中，数据往往来源于多个表，所以需要将多个表连接起来进行查询，即多表查询。

常用的多表连接方式可以分为两大类：join 和 union，其中 join 是以字段（列）为单位来连接的，而 union 则是以记录（行）为单位来连接的。相比于 union，join 在日常工作中使用得更加广泛。

join 根据两个或多个表的字段之间的关系，将这些表连接起来，形成一个信息更为全面的表，从这个表中查询数据。在前面的例子中，students_grade 表中存储了学生姓名（name）、考试学科（subject）、成绩（score）和考试时间（pt），如表 4–5 所示。学生的性别（gender）没有出现在该表中，而是被存储在另一个表 students_gender 中，如表 4–6 所示。现在需要统计男生和女生各学科考试的平均分。

表 4–5

id	name	subject	score	pt
1	张三	语文	86.5	2019–07–01
2	李四	数学	79.3	2019–08–22
3	王六	英语	78.5	2019–01–25
4	陈华	语文	82	2019–07–16
1	张三	数学	66	2018–12–12
2	李四	英语	78	2019–04–24
1	张三	英语	89	2019–07–25

表 4-6

id	name	gender	pt
1	张三	男	2019-08-22
2	李四	女	2019-08-22
3	王六	男	2019-08-22
5	刘勇	男	2019-08-22

前面提到，Hive 中的表大多是分区表，可以加快查询速度，节省计算资源。不同于 MySQL 这种传统的数据库，Hive 中是没有索引的，因此每次查询都要进行全量扫描。通过增加分区可以减少每次扫描的数据量，将需要参与计算的数据限定在某个范围之内。

分区表主要有两种：增量表和全量表。增量表如 students_grade 表，每一天的分区只记录当天的考试成绩；全量表如 student_gender 表，每一天新的分区会记录所有的历史数据，并且会更新此前的信息。比如更改了学生姓名，在新的分区中也会对此前记录过的学生信息进行修改，查询时只需选择最新的分区即可。

可以看到，单表查询已经无法满足要求，因此需要将 students_gender 表和 students_grade 表连接起来进行查询。students_gender 表和 students_grade 表都有“id”字段，显然需要用这个字段进行关联，将两个表中 id 相同的记录连接起来，就可以得到所需要的结果。并且 id 具有唯一性，能够保证在连接的过程中不会出现同名学生而产生连接错误。示例代码如下：

```
select a.id,
       a.name,
       a.subject,
       a.score,
       b.gender
from
    (select id,
            name,
            subject,
            score
     from student_grade
     where pt>='2019-01-01'
    ) a
    join
```

```
(select id,
        name,
        gender
 from students_gender
 where pt='2019-08-22'
) b on a.id=b.id and a.name=b.name
```

在上面的语句中，最外层的 select 语句内部包含了两条 select 语句，将其称为子查询，分别命名为“a”和“b”。通过子查询分别提取两个表中的记录和字段，然后进行关联。在一些复杂的查询中，有时可能需要多层子查询，在写的时候要保证相同层级的子查询缩进对齐，以提高可读性。

对比 students_grade 表和 students_gender 表，可以发现这两个表的 id 并不是一一对应的，比如 id 为 4 的学生就没有出现在 students_gender 表中，同样 id 为 5 的学生也没有出现在 students_grade 表中，那么连接之后究竟会有怎样的结果呢？这取决于下面要介绍的 join 方式。

常见的 join 方式有 4 种。

（1）inner join（内连接）：只保留两个表中同时存在的记录。Hive 中只写了 join，默认是 inner join，如上面的语句。为了提高代码的可读性，建议还是写 inner join。

（2）left join（左连接）：保留左表所有的记录，无论其是否能够在右表中匹配到对应的记录。若无匹配记录，则需要用 NULL 填补。在 SQL 语句中将前一个关联的表称为左表，在上面的语句中，子查询 a 得到的表就是左表。

（3）right join（右连接）：保留右表所有的记录，无论其是否能够在左表中匹配到对应的记录。若无匹配记录，则需要用 NULL 填补。在 SQL 语句中将后一个关联的表称为右表，在上面的语句中，子查询 b 得到的表就是右表。

（4）full join（全连接）：左表和右表所有的记录都会保留，没有匹配记录的用 NULL 填补。

这么说可能有些抽象，就以上面的语句为例，将 join 分别替换成 inner join、left join、right join、full join，得到的结果分别如表 4-7 至表 4-10 所示。

表 4–7

id	name	subject	score	pt	gender
1	张三	语文	86.5	2019–07–01	男
2	李四	数学	79.3	2019–08–22	女
3	王六	英语	78.5	2019–01–25	男
2	李四	英语	78	2019–04–24	女
1	张三	英语	89	2019–07–25	男

使用 inner join，只有两个表中都有的 id 对应的记录才会出现在结果表中。

表 4–8

id	name	subject	score	pt	gender
1	张三	语文	86.5	2019–07–01	男
2	李四	数学	79.3	2019–08–22	女
3	王六	英语	78.5	2019–01–25	男
4	陈华	语文	82	2019–07–16	NULL
2	李四	英语	78	2019–04–24	女
1	张三	英语	89	2019–07–25	男

使用 left join，students_grade 表的所有记录都被保留。由于 id 为 4 的学生记录没有出现在 students_gender 表中，因此 gender 那一列就是空值，在 Hive 中用 NULL 表示，where 语句中的“gender is NULL”就可以将其筛选出来。

表 4–9

id	name	subject	score	pt	gender
1	张三	语文	86.5	2019–07–01	男
2	李四	数学	79.3	2019–08–22	女
3	王六	英语	78.5	2019–01–25	男

续表

id	name	subject	score	pt	gender
NULL	NULL	NULL	NULL	NULL	男
2	李四	英语	78	2019-04-24	女
1	张三	英语	89	2019-07-25	男

使用 right join，由于 students_gender 表中 id 为 5 的学生记录没有出现在 students_grade 表中，因此会出现一条记录，除了 gender，其他列全部为空值。

表 4-10

id	name	subject	score	pt	gender
1	张三	语文	86.5	2019-07-01	男
2	李四	数学	79.3	2019-08-22	女
3	王六	英语	78.5	2019-01-25	男
4	陈华	语文	82	2019-07-16	NULL
NULL	NULL	NULL	NULL	NULL	男
2	李四	英语	78	2019-04-24	女
1	张三	英语	89	2019-07-25	男

使用 full join，结果表实际上就是 left join 结果表和 right join 结果表的并集。

上面介绍的 join 方式及其区别，是 SQL 中非常基础的内容，必须掌握。

接下来介绍 union 方式。与 join 方式基于字段进行连接不同，union 是基于记录进行连接的，需要保证连接的两个表的字段数量相同，并且所有字段按照顺序一一对应。

假设有两个表记录了学生的性别信息，分别是 students_gender_new 表（如表 4-11 所示）和 students_gender_old 表（如表 4-12 所示）。现在需要将这两个表连接起来得到所有学生的性别信息。

表 4-11

id	name	gender	pt
4	陈华	男	2019-08-22

表 4-12

id	name	gender	pt
1	张三	男	2019-08-22
2	李四	女	2019-08-22
3	王六	男	2019-08-22
5	刘勇	男	2019-08-22

示例代码如下：

```
select id,
       name,
       gender,
       pt
from student_grade_old
union all
select id,
       name,
       gender,
       pt
from student_grade_new
```

在 MySQL 中可以使用 union 和 union all，union 语句会在 union all 基础上额外进行一步去重操作。但是在 Hive 中只能使用 union all，结果表如表 4-13 所示。

表 4-13

id	name	gender	pt
1	张三	男	2019-08-22
2	李四	女	2019-08-22
3	王六	男	2019-08-22
5	刘勇	男	2019-08-22
4	陈华	男	2019-08-22

以上就是 Hive 中多表查询常用的 join 和 union 方式的介绍。在实际工作中，通常需要大量使用多表查询进行数据的提取，因此要熟练掌握这部分内容，它们也是后续进行更加复杂的 SQL 操作的基础。

4.3.3 更多 SQL 内容

前面介绍了 SQL 的基本查询语句和多表查询方法，这些知识是面试中 SQL 部分的考查内容。此外，还会考查更多的 SQL 知识，本节进行相关介绍。

1. 聚合函数

聚合函数出现在 select 后，对记录按照分组字段进行汇总。常用的聚合函数如表 4-14 所示。

表 4-14

聚合函数	含　义
sum(col)	计算分组后组内所有记录的和
avg(col)	计算分组后组内所有记录的均值
count(col)	计算分组后组内记录的数量
stddev(col)	计算分组后组内记录的标准差
variance(col)	计算分组后组内记录的方差
max(col)、min(col)	计算分组后组内记录的最大值、最小值
percentile(col, p)	计算分组后组内记录的 p 分位数，p 为 0 ~ 1

注意，对表中所有记录进行聚合计算时，无须使用 group by 语句，可以在 select 后直接写聚合函数，但是不能出现非聚合字段。比如统计 students_grade 表中 2019-08-21 的所有记录的数量，代码如下：

```
select count(1)
from students_grade
where pt='2019-08-21'
```

2. distinct

distinct 用于去重，它有两种使用场景。一是在 select 后直接使用，对 select 后的所有字段进行去重。可以理解为在所有的语句执行结束之后，对所有的记录整体去重。只有在所有字段值都相同的情况下，才会进行去重，不能做到对部分字段进行去重。

前面提到在 Hive 中只能使用 union all，但是如果想达到 union 的效果，则可以使用 distinct。例如：

```
select distinct id,
                name,
                gender,
                pt
from
   (select id,
           name,
           gender,
           pt
    from student_grade_old
    where pt = '2019-08-22'
    union all
    select id,
           name,
           gender,
           pt
    from student_grade_new
    where pt = '2019-08-22'
   ) a
```

distinct 和 group by 语句不能在同一个 SQL 查询中出现（不包含子查询的情况）。

二是 distinct 在聚合函数中使用，实现分组后去重，然后再进行聚合计算。比如前面提到的例子，假如需要统计每个学生参加考试的次数，以及参加过考试的学科数，示例代码如下：

```
select id,
       name,
       count(1) as total_num,
       count(distinct subject) as total_subject
from students_grade
where pt >= '2019-01-01'
group by id,
         name
```

count(1) 统计的是 2019 年该学生的考试记录数，而 count(distinct subject) 则会基于学号和姓名分组后，对同一个学生所有的学科记录去重后统计记录数，从而计算出参加过考试的学科数。

3．case when

case when 也是常用的语法，可以理解为利用现有的字段，结合条件语句，生成新的字段。假设有一个字段 city，它有多个值：青岛、济南、南京以及其他一些城市名，现在需要根据城市名，生成一个新的字段 province，并且将除“青岛”“济南”“南京”之外的值统一命名为“其他”。示例代码如下。

第一种方式：

```
case city when '青岛' then '山东'
          when '济南' then '山东'
          when '南京' then '江苏'
          else '其他'
end as province
```

第二种方式：

```
case when city in ('青岛','济南') then '山东'
     when city = '南京' then '江苏'
     else '其他'
end as province
```

其中，in 表示如果 city 是“青岛”和“济南”其中之一，则赋值为“山东”。通常第二种方式使用得更多一些。这里容易犯的错误就是漏掉 end 关键字，在实际应用中会直接报错，在面试中则会大大减分。

case when 可以被使用在分组语句和选择语句中，写在 group by 之后，提供新的分组字段。另外，case when 也可以被写在 select 后，基于现有的字段生成新的字段。

需要注意的是，如果将 case when 写在 group by 之后，则不可以使用字段别名。比如统计各个省的数据量，示例代码如下：

```
select case when city in ('青岛','济南') then '山东'
            when city = '南京' then '江苏'
```

```
            else '其他'
                end as province
        count(1) as total_num
from table
where pt >= '2019-01-01'
group by  case when city in ('青岛','济南') then '山东'
            when city = '南京' then '江苏'
            else '其他'
                       end
```

此外，case when 还会被使用在聚合函数中。比如在此前的 students_grade 表中，除了需要统计学生参加考试的次数，还需要统计学生考试通过（大于 60 分）的次数，以及考试通过的学科数，就可以使用 case when 语句。

```
select id,
       name ,
       count(1) as total_num,
       count(case when score>= 60 then 1 end) as total_suc_num,
       count(distinct subject) as total_subject,
       count(distinct case when score>= 60 then subject end) as total_suc_subject
from students_grade
where pt >= '2019-01-01'
group by id,
         name
```

在上面的语句中，count(1) 表示统计学生考试总数；count(case when score>=60 then 1 end) 则表示在此前基础上筛选出成绩大于 60 分的考试记录。

count(distinct subject) 表示统计参加过考试的学科数；count(distinct case when score>=60 then subject end) 则表示统计考试通过的学科数。

聚合函数 +distinct+case when，基本上可以完成 SQL 分组计算，这也是在面试中会被经常考查的内容。

4．窗口函数

窗口函数与聚合函数类似，它也会对记录分组之后进行聚合计算，但是它不会为每组只返回一个值，而是可以为每组返回多个值。准确地说，它为分组中的每条记录都会返回特定值。

比如，前面介绍的聚合函数按照学生姓名和学号分组后，可以统计出学生考试的次数以及其他数值。但是使用窗口函数，既可以计算出整体的统计值，如平均分、总次数等，也可以计算出每条记录在分组中基于时间或其他维度的排名或者分位数。

前面提到窗口函数会对每一条记录都输出一个值，类似于 case when 语句——都可以利用现有的字段生成一个新的字段，只是生成方法不同。窗口函数不会出现在 group by 语句中，也不会出现在聚合函数中，它只能出现在 select 语句后。并且使用窗口函数后，不会再使用 group by 语句。

例如，统计每个学生各个学科 2019 年最新的一次考试记录，语句如下：

```
select id,
       name,
       subject,
       pt
from
    (select id,
            name,
            subject,
            pt,
            row_number() over (partition by id,name,subject order by pt
desc) as rank
    from students_grade
    where pt>='2019-01-01'
    )t
where rank=1
```

在上面的语句中，在子查询中使用了 row_number() 窗口函数，其中“partition by”表示对所有的记录按照 id、name 和 subject 进行分组，具有相同 id、name 和 subject 的记录按照 pt 进行降序排列，最新的记录会排在最前面。同一分组的所有记录返回 row_number() 对应的值，最新的记录返回 1，次新的记录返回 2，依此类推。最后在外层查询中使用 where 语句筛选出 rank=1 的列，这样就会统计出每个学生各个学科 2019 年最新的一次考试记录。

通过上述例子，可以看到窗口函数的基本结构是：函数名() over (partition by col 1,col 2 order by col3 desc/asc,col4 asc/desc)。

常用的窗口函数如表 4–15 所示。

表 4–15

窗口函数	介　　绍
row_number() over()	返回记录在同一分组内的排序
percent_rank() over()	返回记录在同一分组内排序的分位数，为 0 ~ 1
sum(col) over()	返回同一分组内所有记录 col 值的和，同一分组内记录的返回值相同
avg(col) over()	返回同一分组内所有记录 col 值的平均值，同一分组内记录的返回值相同
max/min(col) over()	返回同一分组内所有记录 col 值的最大值 / 最小值，同一分组内记录的返回值相同

窗口函数是一定要掌握的，通过窗口函数可以减少表与表之间的连接，同时也可以实现很多功能。

5. 动态更新

很多公司都会格外关注用户留存率这个指标，用户留存率表示 *n* 天前使用 App 的用户今天依然使用的占比。这个指标需要在原始数据产生 *n* 天后才能获得，比如 3 日用户留存率，在数据产生当天该字段为空值，3 天后才能用计算好的数据去替代此前的空值。在以日期为基础建立分区的前提下，需要对 *n* 天前的分区数据进行更新，因此会涉及动态分区的概念。

Hive 本身不支持对记录进行 insert、update、delete 等操作，因此无法直接修改记录。即使在 Hive 的最新版本中可以通过一些方法来实现，但是在实际工作中也很少这样做。因此需要找到相应的替代方法，动态分区就可以解决这个问题，通过对分区的全量更新，实现对数据的修改。

首先在建表时，保证建立的是一个分区表。建表语句如下：

```
create table daily_report
( col1 string,
  col2 string,
  col3 string
)
```

```
partitioned by
 (pt string)
;
```

上面建立的分区表，按照 pt 进行分区，col、col2、col3 是非分区字段。如果要对其中的一些分区进行更新，则需要设置一些参数。设置如下：

```
set hive.exec.dynamic.partition=true;
set hive.exec.dynamic.partition.mode=nonstrict;
```

其中，第一条语句表示开启动态分区；第二条语句表示在动态分区的过程中，可以不用指定任何分区。动态分区更新语句如下：

```
insert overwrite table daily_report
partition(pt)
select col1,
       col2,
       col3,
       pt
from ......
......
```

上述语句的关键在于“insert overwrite”，意思是“覆盖”。在接下来的查询语句中，所有出现的 pt 对应的分区都会进行全量更新，更新后的数据就是 SQL 语句查询的结果。需要注意的是，select 后字段的顺序需要与建表时字段的顺序一致，并且将分区字段放到最后。如果有多个分区字段，那么也需要按照建表时字段的顺序进行排序。

这里最常出现的问题就是查询语句中字段的顺序和建表时字段的顺序不一致而导致数据错位，因此这一点需要格外注意。

6. 一行变多行

前面的 group by 语句解决了“多行变一行”的问题，如果需要将一行数据变为多行，该怎么做呢？比如在数据库中以列表的形式存储了某个学生一段时间的成绩，如表 4-16 所示。

表 4–16

name	grades
张三	{90,75,90}
李四	{60,75}

现在要计算出成绩的平均值。Hive 中并没有处理这种列表数据的函数，因此需要先将 grades 字段拆分成多行，每行代表一个分数。语句如下：

```
select name,
       grade
from table
lateral view explode(split(regexp_replace(grades,'\\{|\\}', ''),',')) t as grade
```

上面的语句乍一看有些复杂，下面对其进行拆解，方便大家理解。首先使用 regexp_replace() 函数将 grades 字段中所有的“{”和“}”替换为 '',也就是删除的意思，然后使用 split() 函数将 grades 字段按照逗号进行分割，经过这一步，{90,75,90} 就变成了 90 75 90。

接下来使用 explode() 函数将 grades 字段变成多行，再使用“lateral view”将变成多行后的 grades 字段与原表进行笛卡儿积运算。

上述语句中的 t 可以被理解成只有一个字段的虚拟表，该字段为 grades 字段分成多行后的结果，并且将该字段重命名为“grade”。最后将虚拟表 t 与原表进行笛卡儿积运算。

最终输出结果如表 4–17 所示。

表 4–17

name	grade
张三	90
张三	75
张三	90
李四	60
李四	75

以上就是在面试中会考查的一些 SQL 重点知识。

7. 调优

在面试中主要考查常用的调优方法以及数据倾斜。

关于优化问题，比如，当需要对大表和小表进行 join 操作时，可以使用 MAPJOIN 将小表加载到内存中。语句如下：

```
select /*+ MAPJOIN(a) */
      a.c1,
      b.c1,
      b.c2
from a join b
     where a.c1 = b.c1;
```

此时将 a 放到内存中，由 b 到内存中循环读取 a。由于读取内存中数据的速度要远快于读取磁盘中数据的速度，因此效率得到大大提高。通常小表的大小应小于 25MB，否则达不到应有的效果。

当需要对大表和大表进行 join 操作时，可以考虑是否能够将其中一个大表转换成小表。比如只需要一个表中一段时间的数据时，就可以将这段时间的数据取出，建立一个小的临时表，然后将其与另一个表进行连接。

即使按照上述操作进行了计算，计算速度依然不快，此时就要考虑数据倾斜的问题。

理论上，正常的数据分布都有可能是不平衡的。正是由于数据分布的不平衡，导致 Hive 在计算过程中出现数据倾斜的问题。要解决数据倾斜的问题，首先需要对 Map 和 Reduce 的过程有一定的了解。

在执行 Hive SQL 语句的过程中会经历 Map 和 Reduce 两个步骤，下面通过统计单词出现的次数来举例说明，如图 4-41 所示。

可以看到，Map 过程会将原始数据转换成类似于 <hello,1> 这样的 <key,value> 键值对，然后 Reduce 过程会对具有相同 key 的数据进行合并计算。

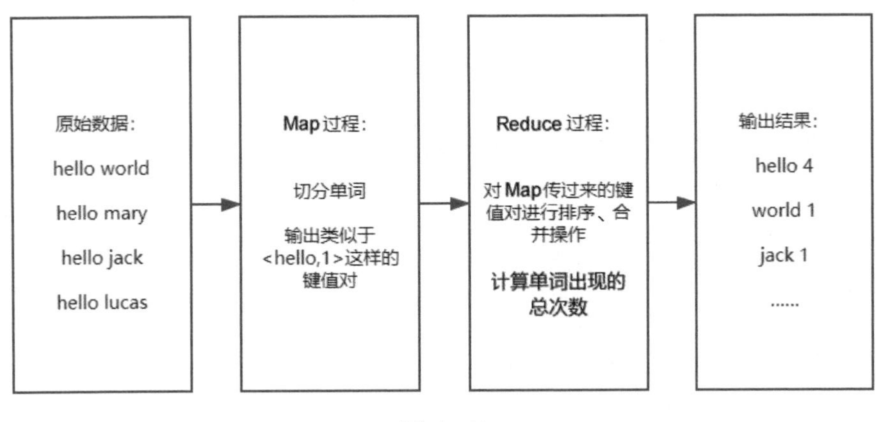

图 4-41

在默认情况下，具有相同 key 的数据会被放在同一个 Reduce 任务中，因此就会出现“一个人累死，其他人闲死”的情况，即出现数据倾斜的问题。在执行 Hive SQL 语句或者运行 MapReduce 作业时，如果一直卡在 Map 100%、Reduce 99%，一般就是遇到了数据倾斜的问题。

下面提供一些常见的解决方法。

（1）当使用 group by 分组时，如果某些 key 占比非常大，由于相同 key 的数据会被拉取到相同节点中执行 Reduce 操作，因此会出现某些节点需要计算的数据量远大于其他节点的情况，造成数据倾斜。最明显的特征就是在 Reduce 任务执行时，进度停留在 99% 的时间非常长，此时 1% 的节点计算量可能超过其余 99% 节点计算量的总和。

通过设置“set hive.map.aggr=true”和“set hive.groupby.skewindata=true”参数可以有效规避这个问题。此时生成的查询会将此前的一个 MapReduce 作业拆分成两个任务：

- 在第一个任务中，Map 任务的输出结果集合会随机分布到 Reduce 任务中，每个 Reduce 任务进行部分聚合操作，并输出结果，这样相同 key 的数据会被拉取到不同的节点中，从而达到负载均衡的目的
- 第二个任务根据第一个任务预处理的数据结果将相同 key 的数据分发到同一个 Reduce 任务中，完成最终的聚合操作。

（2）当 Map 任务的计算量非常大，如执行 count(*)、sum(case when...)、sum(case

when...）这些语句时，需要设置 Map 任务数量的上限，可以通过“set mapred.map.tasks”这条语句设置合理的 Map 任务数量。

（3）如果 Hive SQL 语句中计算的数据量非常大，例如下面的语句：

```
select a,
       count(distinct b) from t
group by a
```

此时就会因为 count(distinct b) 函数而出现数据倾斜的问题，可以使用“sum...group by”代替该函数，例如：

```
select a,
       sum(1) from
    (select a,
           b from t
     group by a,b)
group by a;
```

（4）当需要执行 join 操作但是关联字段存在大量空值时，如“表一”的 id 需要和“表二”的 id 进行关联，则可以在 join 操作过程中忽略空值，然后再通过 union 操作加上空值。例如：

```
select *
from log a
join users b on a.id=b.id
where a.id is not null
union all
select *  from log a
where a.id is null;
```

以上就是一些需要掌握的 SQL 知识的介绍。作为数据分析师，只有掌握了 SQL 知识，才能从容面对面试和未来的工作。

本章梳理了面试中要考查的一些编程技能，只要掌握了基本的编程思想，在实际工作中就可以做到“以不变应万变”。本章内容总结如图 4-42 所示。

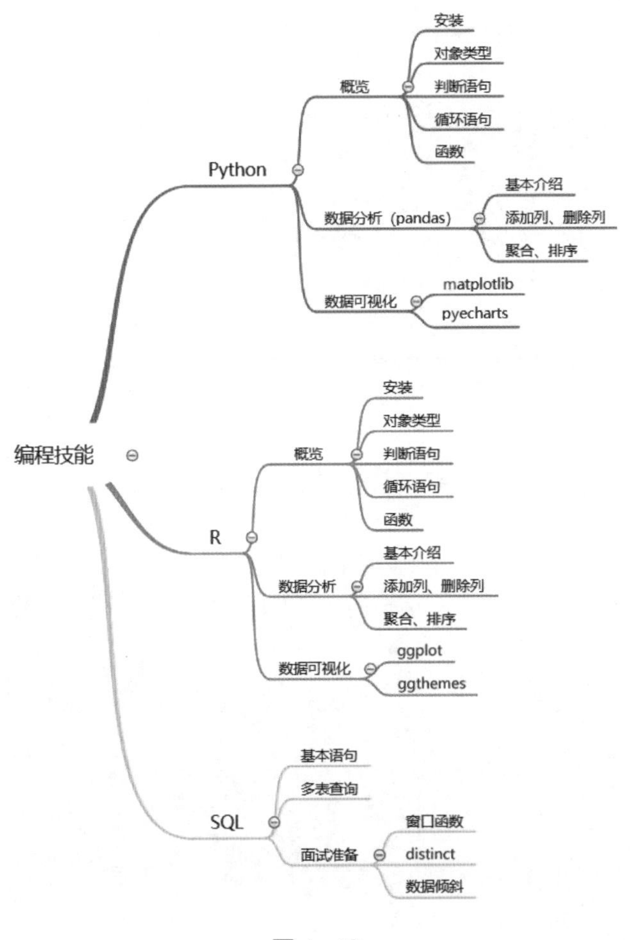

编程技能
Python
概览
安装
对象类型
判断语句
循环语句
函数
数据分析（pandas）
基本介绍
添加列、删除列
聚合、排序
数据可视化
matplotlib
pyecharts
R
概览
安装
对象类型
判断语句
循环语句
函数
数据分析
基本介绍
添加列、删除列
聚合、排序
数据可视化
ggplot
ggthemes
SQL
基本语句
多表查询
面试准备
窗口函数
distinct
数据倾斜

图 4-42

第 5 章 数据分析师实战技能

5.1　数据分析师工作必备技能

前面章节介绍的主要是在数据分析师面试中候选人需要掌握的理论知识和编程知识，这部分内容可以被看作入职数据分析师的“敲门砖”。掌握了这些知识，表示候选人对于成为数据分析师有了良好的准备，可以说“万事俱备，只欠东风”，“东风”就是这一章节所要介绍的一些实际工作内容和相应的技巧。

有些候选人虽然有相关的工作经历或者实习经验，但是因为在工作中没有自己的思考，在面试中并没有给自己加分。只有用心思考如何利用数据为公司创造价值并付诸实践，才是一个好的数据分析师应该做的。

5.1.1　数据人员如何创造价值

随着大数据的发展，公司的数据库中存储着大量的数据，这些数据大多是公司内部技术人员通过埋点获取的，也有些是通过第三方机构获取的。如何充分利用这些数据，创造价值，推动公司的发展，是数据分析师所应该思考的。

作为数据分析师，经常被问到的问题是“××× 数据最近上升 / 下降了，是什么原因造成的？”“新上线的功能给业务带来的是正面影响还是负面影响”“对于 ×××，我们需要制定什么样的策略，完成 KPI/OKR？”……解决业务方的问题，并提出建设性意见，就体现出了数据分析师的价值。

面对数据库中的海量数据，数据分析师首先要做的就是构建合理的指标体系或者模型，合理地“整理”这些数据。指标体系可以分成两个部分——通用的规则和针对具体业务的特定规则；模型则包含了比较多的类型，如业务模型、数据挖掘模型等。在构建好合理的指标体系或者模型后，接下来就可以通过报表或者数据看板的方式，对数据进行监控，并且制定相应的监控规则，根据监控结果实时调整策略。有了合理的监控规则和监控结果，下一步要做的就是将获取到的内容进行整合，输出完整的分析报告，或者调整相应的策略，继续追踪调整后的效果，真正指导业务的发展。

总结起来，就是：

- 基于历史数据和业务背景构建指标体系或者模型。

- 基于指标体系，监控线上业务数据并制定相应的监控规则。
- 输出数据分析报告或者提供可执行策略，推动业务的发展。

5.1.2 完整的指标体系构建

在数据分析师的工作中，针对“×××App 或 ××× 功能模块最近的用户量或者其他相关指标下降了，你会如何进行分析”等问题，最直接的解决方法就是建立完整的指标体系。通过指标体系，能够很直观地发现问题所在，并且可以针对问题采取相应的措施。

Q：要构建一套指标体系，整体思路是什么?

构建指标体系应该“纵向”和“横向”相结合，纵向指的是梳理出分析问题的整个流程，比如对于电商产品，需要分析出用户从进入网站到最终下单的整个流程；对于工具类产品，则需要关注用户使用过程中的体验以及用户流失情况。有了纵向分析的过程，还需要横向拓展不同的维度，如基于用户画像的人群分类、根据不同业务背景的时间拓展以及业务线的划分。最后将纵向和横向的结果相结合，就得到了一套完整的指标体系。

Q：用户行为的核心节点有哪些？如何有针对性地设计指标?

了解用户行为的核心节点，实际上就是纵向分析的过程。互联网公司大多针对 C 端用户进行分析，这里就以 C 端用户为例进行介绍。对于 C 端用户，核心的三个节点是新增、活跃、留存／流失，大多数分析都是围绕这三个节点进行的，整个流程如图 5-1 所示。

可以看到，针对新增、活跃、留存／流失这些节点，可以纵向设计出很多指标，但主要是绝对数量和百分比。

- 对于新增用户，指标有新增用户数量、新增用户留存率、新增用户活跃率等。
- 对于活跃用户，指标有活跃用户数量、活跃用户中的新增用户数量、活跃用户中的老用户数量等。
- 对于老用户，指标有老用户数量、老用户流失率、老用户唤醒率等。
- 对于流失用户，指标有流失用户数量、流失用户与新增用户比率等。

这样就可以针对用户的整体行为节点进行比较完整的指标设计，其中活跃用户部分是需要重点关注的，通过对从新增到流失整个流程指标的构建，可以清晰地看出在哪个环节最终活跃用户数增加了或者减少了。

Q：对于活跃用户，应该如何进行相应的指标设计及路径分析？

对于活跃用户，要研究其活跃行为，从而提高用户的体验。针对不同类型的产品，需要进行相应的细分设计。比如对于电商产品，需要关注的是从来访用户到用户最终成功支付的整个流程，如图 5-2 所示。

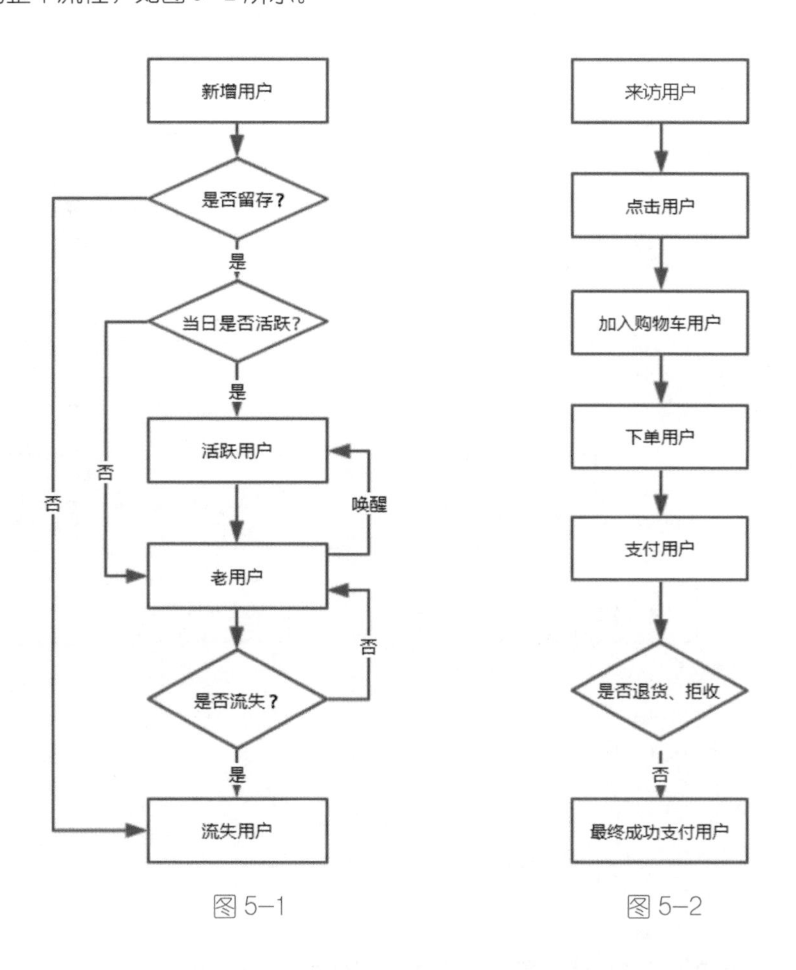

图 5-1　　图 5-2

可以看到，针对这个流程的每一步都可以统计出相应的用户数量以及上一步的转化率，比如来访用户数量、点击用户数量、加入购物车用户数量、下单用户数量、支付用户数量、最终成功支付用户数量，以及各种转化率，如点击 / 曝光转化率、下单 / 点击转化率、下单 / 加购转化率、支付 / 下单转化率、成功支付 / 支付转化率。这些指标就构成了一个完整的纵向指标体系，通过这些指标可以清晰地看出哪个环节存在问题。

对于电商产品，除了要关心用户数量，金额也是要关心的指标。从加购开始，每个环节在用户数量的基础上都需要增加金额指标以及相应的客单价指标。

以上是对电商产品活跃用户的纵向分析。下面再举一个短视频的例子。对于短视频，需要分为视频的观看者和视频的发布者两个独立的用户群体进行分析。对于视频的观看者，需要考虑的是各种行为数据，相对路径比较短，如图 5-3 所示。

针对用户的这些行为设计相关的指标，比如观看视频的数量、整体时长、点赞视频占比、评论视频占比等，这些指标刻画了用户观看视频的体验情况。

对于视频的发布者，则需要关注整个流程，看在某个环节的转化上是否存在问题，造成发布的视频数量减少，如图 5-4 所示。

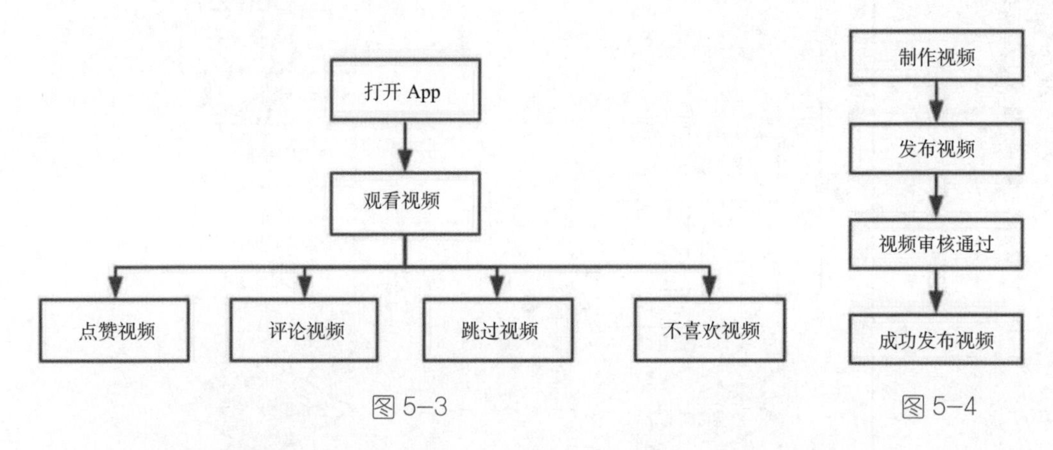

图 5-3　　图 5-4

以上就是构建指标体系的纵向部分，其中包括了用户从新增到流失 / 留存的整个流程，这是比较通用的指标体系建立方法。同时针对一些产品的活跃用户进行了分析。大家在面试前需要对所要应聘部门的业务有所了解，梳理出产品中用户的生命周期以及活跃用户的行为情况。

Q：有了明确的用户行为路径及相关指标后，如何进一步分析？

除了纵向分析，还需要横向分析，横向分析是指对于同一个指标，基于不同的维度进行相应的拓展，常用的维度包括时间维度和用户维度。

Q：针对时间维度的分析，需要注意的点有哪些？

对于时间维度，常用的分析方法是关注最近一段时间的数据，时间的长短要根据业务的具体特性来确定。对于一些高频的 App 或者功能，通常关注最近 1 ～ 7 天的整体数据情况即可，也可以是自然周。对于一些相对低频的 App 或者功能，则需要将时间拉长，关注最近 15 天、30 天、90 天甚至更长时间的整体数据，也可以是自然月、季度甚至自然年。

另外，与时间维度相关的有同比和环比的概念。因为单纯地关注一段时间的数据并不能很好地看出趋势情况，需要与之前的数据进行对比。对于同比和环比的概念，在实际应用中不需要进行很明确的划分。常用的对比方法是对比当日与上日、本周与上周、本月与上月的数据。对于一些周期性比较强的产品，则需要先确定产品的周期，比如有些产品会受到周末的影响，此时比较合理的对比方法是用本日的数据与上周同一日的数据进行对比；有些产品会受到大型节假日的影响，此时针对节假日数据，就需要与上一个大型节假日的数据进行对比。

对于一些对实时性要求高的产品，需要将数据指标细化到小时级别。梳理后的时间维度分析方法如图 5-5 所示。

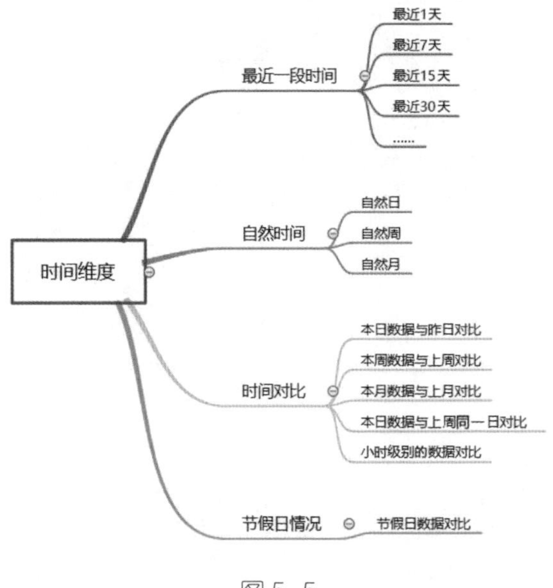

图 5-5

除了时间维度，还有一种常用的拓展方法，就是基于用户画像的用户维度进行拓展。用户画像是互联网公司中常用到的分析工具，通过用户画像可以有效了解各个群体的行为情况，也可以基于用户画像拓展出相应的指标。

Q ：列举常用的用户维度拓展方法。

有很多通用的用户维度拓展方法，比如对于用户所在地，可以分为城市、省份，甚至华东、华南等大区；对于用户的基本属性，可以分为年龄、性别、职业等；对于用户使用的设备情况，可以分为终端类型、客户端版本、厂商、机型等；对于新老用户，也可以拓展出一些指标。对于新用户，需要关注的是用户来源渠道，通常分为自然新增用户、活动新增用户、广告新增用户等渠道，通过对渠道的划分，可以在一定程度上避免一些大型活动对新增用户分析带来的影响；对于老用户，根据用户的生命周期进行划分，通常分为有效用户、活跃用户、忠诚用户、沉睡用户和流失用户，可以对产品整体趋势有一个清晰的了解。

梳理后的用户维度拓展方法如图 5–6 所示。

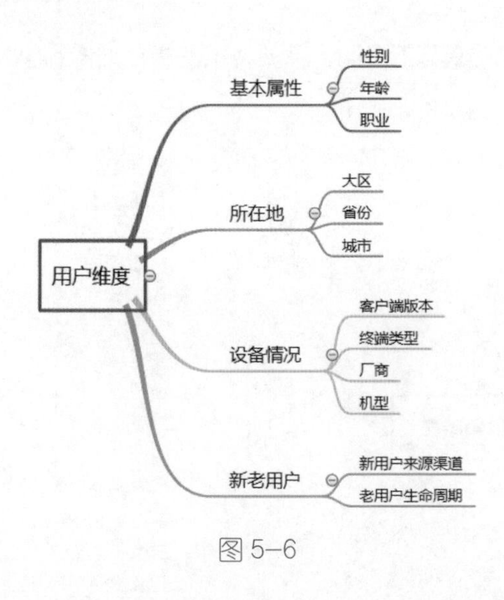

图 5–6

以上从纵向和横向两个方向讲解了如何构建一套完整的指标体系。在数据分析师岗位面试前，候选人需要对所要面试公司的产品有一定的了解，这样一方面可以进行有针对性的准备；另一方面也可以提前构建起一套指标体系。下面通过问题对前面的内容进行总结。

Q：××× 最近有所下降，如何进行分析？

针对这个问题，需要充分利用前面所讲的指标体系，按照如下步骤进行分析。

（1）梳理与该问题相关的流程，确定纵向指标体系。比如是支付金额有所下降，就需要梳理：曝光→点击→下单→支付这样完整的用户路径，以各个环节的转化率和用户量为核心指标。

（2）针对核心指标，确定所要对比的时间维度，比如基于所要分析的产品确定与前一天或者前一周的数据进行对比，发现问题所在。

（3）确定问题所在的环节后，针对该环节以用户维度进行拓展，如基本属性、所在地、设备情况、新老用户等，确定引起该问题的用户群体，并针对这部分用户进行相应的策略调整。

除了上述问题，对于“新版产品或者某个运营活动上线后，如何评估效果”等问题，也可以采用相同的方法进行分析，只做微调即可。总结起来，整个思路就是：梳理路径→确定对比的指标→选取对比的时间维度→针对问题环节拓展用户维度。

本节内容总结如图 5–7 所示。

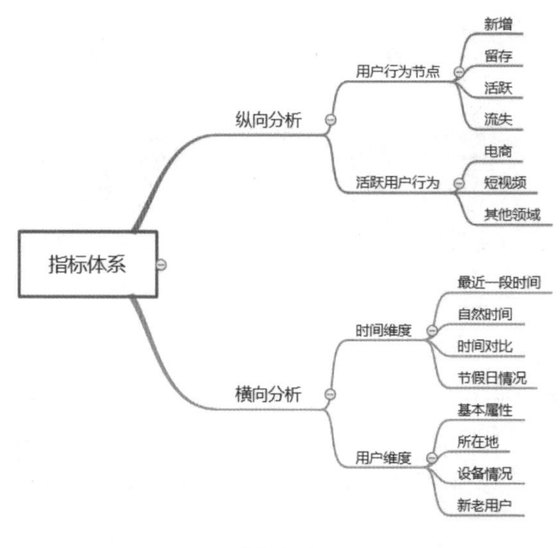

图 5–7

5.1.3 数据监控及报表设计

前面介绍了指标体系的构建，通过指标体系可以有效地指导产品人员和运营人员进行决策。但是真正执行时还需要基于指标体系来构建有效的数据监控体系，将指标体系落地，其最重要的产出就是报表。

Q：现在需要监控数据并设计相应的报表，应该考虑哪些问题？

说到报表，可能很多人会觉得没什么值得说的，无非就是统计基本的数据，然后发送报表。有些候选人在简历上写的都是类似于“整理和发送报表”这样的介绍，一笔带过。所谓工作经验就是机械式地整理和发送报表，而这样的工作经验并没有多大的帮助。实际上，关于数据监控及相应报表的设计，有很多需要思考的地方，可以总结成三个问题：看什么、怎么看、给谁看。

监控数据和设计报表的基础就是前面构建的指标体系，但是仅仅将指标简单地罗列出来显然是不够的，下面就以一个产品的日常数据报表为例来介绍“看什么”。

Q：如何避免在报表中简单地罗列数字，提高信息量？

假如一个产品的基本数据报表如图 5-8 所示。

日期	活跃用户数	新增用户数	新用户留存率	老用户活跃率	老用户流失率
2019/8/7	15278	1021	60.70%	30.20%	0.24%
2019/8/6	15323	995	56.90%	27.20%	0.35%
2019/8/5	15234	1059	61.40%	31.00%	0.16%
2019/8/4	16178	1028	63.20%	30.60%	0.26%
2019/8/3	14229	1122	58.50%	25.20%	0.37%
2019/8/2	14186	1215	59.10%	29.60%	0.19%
2019/8/1	15097	1109	61.00%	28.50%	0.22%

图 5-8

可以看到，这份报表中包含了活跃用户数、新增用户数、老用户流失率等指标，本书中这些数据是随机生成的，仅用于讲解。这样的数据报表给人的感觉更像是流水账，起不到任何对数据进行监控的作用，其中的指标是好还是不好，不能很直观地看出来。

因此，需要根据实际情况在报表中增加对比数据，与 1 天、7 天或者 30 天前的数据进行对比，这样能够快速、直观地了解数据的变化。这里以增加周同比数据为例，如图 5–9 所示。

日期	活跃用户数	周同比	新增用户数	周同比	新用户留存率	周同比	老用户活跃率	周同比	老用户流失率	周同比
2019/8/7	15278	0.28%	1021	-3.25%	60.70%	3.85%	30.20%	5.70%	0.24%	-0.76%
2019/8/6	15323	0.18%	995	2.51%	56.90%	2.31%	27.20%	5.16%	0.35%	5.24%
2019/8/5	15234	-2.56%	1059	-0.77%	61.40%	1.98%	31.00%	-3.21%	0.16%	-6.25%
2019/8/4	16178	-3.97%	1028	6.21%	63.20%	-1.02%	30.60%	5.41%	0.26%	7.15%
2019/8/3	14229	5.60%	1122	-4.30%	58.50%	-2.90%	25.20%	-0.99%	0.37%	-1.21%
2019/8/2	14186	-0.12%	1215	2.72%	59.10%	5.16%	29.60%	3.91%	0.19%	-7.24%
2019/8/1	15097	1.88%	1109	-0.99%	61.00%	-6.21%	28.50%	-2.42%	0.22%	2.15%

图 5–9

可以看到，增加了周同比数据之后，能够很快地通过报表数据清晰地了解指标的变化情况，相比于单纯地展示数据，可读性大大增加。同时，可以将周同比数据中低于 5%、高于 5% 或者其他阈值的数据，用不同的颜色进行标注，通常用红色标注高于阈值的数据，用绿色标注低于阈值的数据，如图 5–10 所示。

日期	活跃用户数	周同比	新增用户数	周同比	新用户留存率	周同比	老用户活跃率	周同比	老用户流失率	周同比
2019/8/7	15278	0.28%	1021	-3.25%	60.70%	3.85%	30.20%	5.70%	0.24%	-0.76%
2019/8/6	15323	0.18%	995	2.51%	56.90%	2.31%	27.20%	5.16%	0.35%	5.24%
2019/8/5	15234	-2.56%	1059	-0.77%	61.40%	1.98%	31.00%	-3.21%	0.16%	-6.25%
2019/8/4	16178	-3.97%	1028	6.21%	63.20%	-1.02%	30.60%	5.41%	0.26%	7.15%
2019/8/3	14229	5.60%	1122	-4.30%	58.50%	-2.90%	25.20%	-0.99%	0.37%	-1.21%
2019/8/2	14186	-0.12%	1215	2.72%	59.10%	5.16%	29.60%	3.91%	0.19%	-7.24%
2019/8/1	15097	1.88%	1109	-0.99%	61.00%	-6.21%	28.50%	-2.42%	0.22%	2.15%

图 5–10

可以看到，经过两次调整，报表的可读性得到了有效提升，同时增加了传递的信息量。在日常工作中应根据业务变化，不断地对报表内容以及数据监控的策略进行相应的调整，包括对比的数据和阈值等，以适应业务发展的需要。另外，报表不仅仅是表格形式，折线图、柱形图等图表也可以用作数据监控报表。

在解决了“看什么”的问题后，接下来要考虑的就是“怎么看”。

Q：常用的报表输出方式有哪些？

一种方式是通过数据看板平台输出，数据分析师将报表做好后放到数据看板平台，相关人员被授予权限后就可以看到。有些公司会采用自己研发的数据看板平台，也有些公司会使用开源的数据看板工具，比如 Superset，数据看板效果如图 5-11 所示。

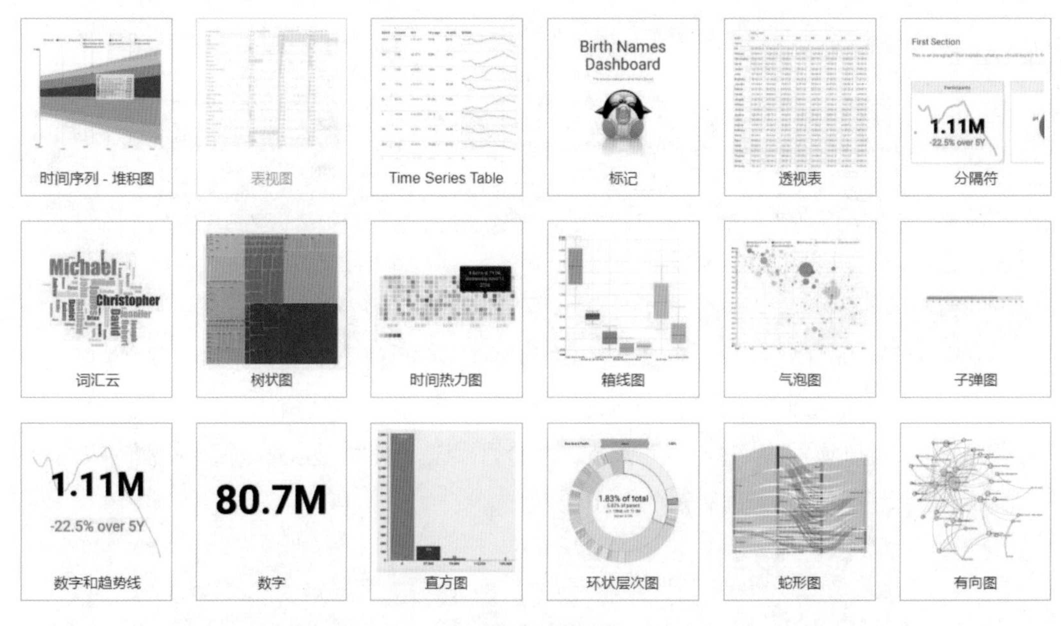

图 5-11

可以看到，Superset 实现了许多不同类型的图表，并且可以按照需要进行组合。Superset 可以直接连接 MySQL 数据库来获取数据，所以使用非常方便。

另一种方式是通过邮件发送报表。相比于数据看板，邮件报表所能传递的信息量要少一些；但由于邮件是日常工作中不可或缺的一部分，不同于数据看板需要主动关注，邮件报表属于"被动接收"，传递信息更加快速、直接，通常都会设置为定时任务，在固定时间发送报表给相关人员。

在解决了"看什么"和"怎么看"的问题后，接下来要考虑的就是"给谁看"，这是将报表功能最大化的核心问题。

报表的受众主要分为三类：领导层、业务层和客户，三者虽然都要关注报表数据，但是关注点不同，因此要基于各自的需要提供相应的数据和展现方式。

Q：针对不同的人群，如何设计相应的报表？

- 领导层，提供给领导层的一定是最核心的指标数据，并且要采用最直观的展现方式。由于领导层每天要接收大量的来自不同业务线或者部门的信息，需要在短时间内获取最直观的业务数据，以便制定下一步的策略。因此，提供给领导层的通常是邮件报表，并且在邮件报表中选取最核心的指标数据，将变化趋势直观地表现出来，使领导层对核心数据的变化情况一目了然。
- 业务层，不同于领导层关注最核心的指标数据，业务层需要对所有的相关数据都能够做到及时监控和分析，因此提供给业务层的数据务必要全面，能够将各个维度的信息都展现出来。所以，通常将提供给业务层的数据集中展现在数据看板中，并且可以根据需要进行实时或者准实时更新，当数据出现波动或者异常时，能够第一时间通知到业务方进行排查。
- 客户，比如电商公司提供相应的报表给店铺或者供应商，指导其进行策略调整，也会采用数据看板，但是信息量会有所减少，因为要排除敏感数据和次要信息，主要围绕如何帮助他们提高销售额或者达到其他目标而更加有针对性地展示相关数据。

如果在简历中提到有过设计报表的经历，那么在面试中通常会被要求介绍相关工作内容，因此需要候选人多多思考这方面的内容，避免给面试官留下“流水账”的印象。

本节内容总结如图 5-12 所示。

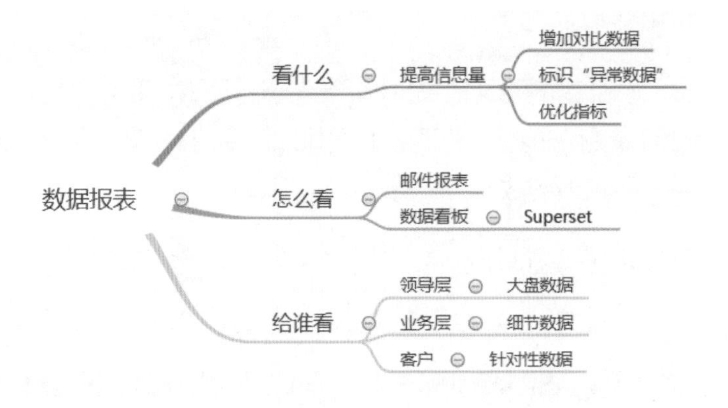

图 5-12

5.1.4 设计一份优质的数据分析报告

作为数据分析师，设计数据分析报告一定是日常必不可少的一项工作。通过数据分析报告，可以有效地分析现有产品或者某次活动的效果并对未来的决策提供指导。数据分析报告的设计水平，在一定程度上也能反映出数据分析师对业务的理解水平。

有些数据分析报告，类似于周报、月报等常规的报表，数据内容和规定相对固定，比如部门周会要看的数据周报，这样的数据分析报告更多的是让产品人员、运营人员和数据分析师针对近期数据形成统一的认知。这里要讲的数据分析报告，能够聚焦于某个点给出分析数据，比如新功能上线后的数据分析报告、运营活动效果的分析报告等。

关于数据分析报告的设计，需要考虑一个最核心的问题，就是如何提高质量。

Q：如何提高数据分析报告的质量？

（1）明确整体分析思路。好的数据分析报告都依赖于一个明确的思路，需要在开始设计报告前就整理出一个基本的框架，然后在设计过程中进行适当的添加。切勿在开始设计数据分析报告前不做规划，“边做边加”，否则效率会大打折扣。

举个例子，现在分析一次电商营销活动的效果，首先需要对分析维度进行拆解，如分为活动的整体效果、各个商品的销售情况、各类人群的销售情况。然后需要确定衡量这次活动的核心指标，如点击率（点击人数／曝光人数）、支付转化率（支付人数／点击人数）、点击单价（支付金额／点击人数）、客单价（支付金额／支付人数）等。

以上就是一次电商营销活动效果分析报告的设计思路，包含了对分析维度的拆解（也称为下钻）和核心指标的确定，有了一个清晰的框架，接下来就可以基于此进行数据的提取、分析以及可视化操作了。

整体分析结构如图 5-13 所示。

（2）结论提前，清晰明了。在一份数据分析报告中，运营方和决策层最关心的就是结论以及相应的策略，这是报告中最有价值的部分。刚入职时，很多人会习惯按照因果关系的顺序来设计数据分析报告，即先给出论据，再给出相应的结论。这一点需要调整，通常数据分析报告的第一页或者文档的开头就要给出明确的结论。

但也不是说简单地将所有的结论罗列出来就可以了，如图 5–14 所示。

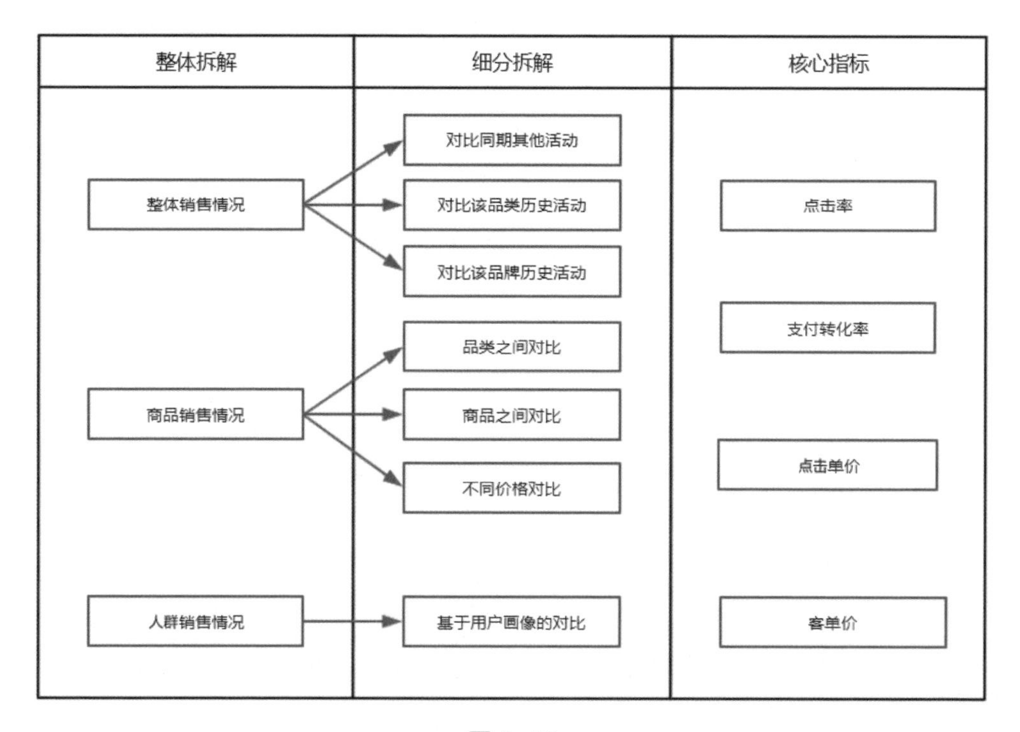

图 5–13

整体结论

整体数据：

➢ 活动整体点击率2.7%，支付转化率3.5%，客单价341.52元，在近期15个相似活动中分别排名5/15、7/15、11/15

➢ 本次活动点击单价42.13元，相较于此前活动平均值40.21元，提高了4.78%

商品数据：

➢ 本次活动男上装、女上装、男下装、女下装销售额分别占比40.1%、24.5%、20.1%、15.3%

➢ 此次活动的畅销商品和滞销商品占比分别为14.6%、21.8%

人群数据：

➢ 女性用户整体指标符合预期

➢ 青年男性点击率较近期其他专场平均水平低，其他指标基本持平

图 5–14

这种结论看起来像流水账，出现了太多的数据，并且很多是没有价值的。比如男上装等四个品类的占比，这样的数据罗列毫无价值，而是应该给出和一个标杆进行对比的数据。再比如“女性用户整体指标符合预期”，其本身并不具有特别大的价值，在结论中应该主要关注那些变化比较明显的点。对结论进行合理的修改，修改后的结果如图5–15所示。

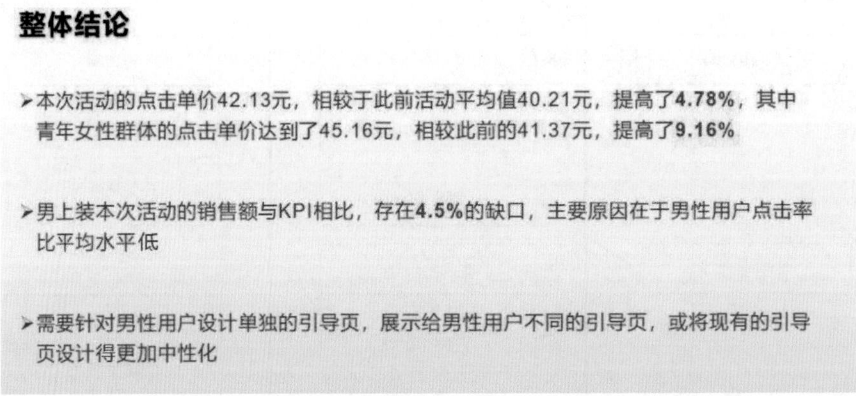

整体结论

- 本次活动的点击单价42.13元，相较于此前活动平均值40.21元，提高了**4.78%**，其中青年女性群体的点击单价达到了45.16元，相较此前的41.37元，提高了**9.16%**
- 男上装本次活动的销售额与KPI相比，存在**4.5%**的缺口，主要原因在于男性用户点击率比平均水平低
- 需要针对男性用户设计单独的引导页，展示给男性用户不同的引导页，或将现有的引导页设计得更加中性化

图 5–15

可以看到，剔除了一些无关紧要的数据，在整体结论中只放最核心的问题或者闪光点，并且给出相应的策略。

（3）注意图表的信息量。作为支撑分析的论据，需要在数据分析报告中使用大量的图表，但是很多时候会存在图表的信息量过少或者过多的情况——如果信息量过少，则无法很好地展示数据；如果信息量过多，则会影响他人的理解，无法直观地看数据。

以图5–15中提到的“男性用户点击率比平均水平低”这个点为例，证明这是造成男上装销售额偏低的主要原因，可以使用漏斗图，看各个环节的转化率，并且能够与历史数据进行对比，如图5–16所示。

可以看到，图5–16清晰地给出了男性用户各个环节的转化数据，并且有历史数据作为对比，能够将所需要证明的内容通过一页展示出来，其他人看的时候也非常直观，不会因为大量数据的堆积而影响理解。

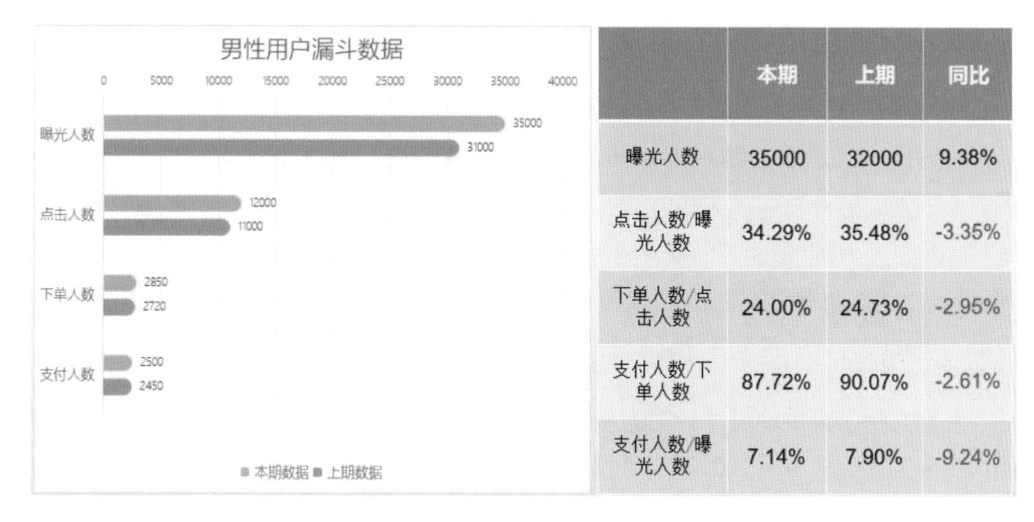

	本期	上期	同比
曝光人数	35000	32000	9.38%
点击人数/曝光人数	34.29%	35.48%	-3.35%
下单人数/点击人数	24.00%	24.73%	-2.95%
支付人数/下单人数	87.72%	90.07%	-2.61%
支付人数/曝光人数	7.14%	7.90%	-9.24%

图 5–16

5.2　基于互联网大数据的应用

5.2.1　AB 测试

目前在互联网公司中 AB 测试具有不可替代的作用，也是数据分析师需要掌握的重要技能。由于 AB 测试涉及很多统计学知识，因此需要花一定的时间来仔细研究。

Q：简述 AB 测试。

AB 测试是指为了评估模型 / 项目的效果，在 App/PC 端同时设计多个版本，在同一时间维度下，分别让组成成分相同（相似）的访客群组随机访问这些版本，收集各群组的用户体验数据和业务数据，最后分析评估出最好的版本正式采用。

AB 测试的整个过程分成三个部分：试验分组、进行试验、分析结果。

直观上看，分组是整个测试中比较简单的部分，但实际上它是测试中最重要的一个环节，如果分组不合理，之后的试验都是徒劳。

Q：介绍常用的 AB 测试的分组方法。

常用的分组方法包括基于设备号、用户唯一标识（如用户 id 等）的尾号或者其他指标进行分组，如按照尾号为奇数或者偶数分成两组，在分组过程中不需要对这些唯一标识进行处理。另外一种方法就是基于这些唯一标识，通过一个固定的 Hash 函数对用户唯一标识进行 Hash 取模、分桶，将用户均匀地分配至若干个试验桶中。可以将桶简单地理解为小组，通常会分为 100 个组或者 1000 个组，相比于直接基于唯一标识进行分组，这种方法能够进一步将用户打散，提高分组的效果。

上面介绍了将用户进行分组的方法，在进行单个试验的情况下，可以将通过 Hash 函数得到的桶编号 1 ~ 100，在试验中将编号 1 ~ 50 分为 A 组，将编号 51 ~ 100 分为 B 组，然后进行对比。但是在实际工作中，通常会出现多个试验并行的情况，并且由于网站或者 App 的流量是有限的，同一批用户可能会同时作为多个试验的数据源，此时进行分组就要全方位地考虑目前正在进行的试验情况。

Q：面对多个试验并行的情况，如何保证分组的合理性？

这里需要引入“域”的概念。对于所有的用户，需要在所有的试验开始前将其划分为不同的域，不同域之间的用户相互独立，交集为空。对于一些比较重要的试验，可以专门为其划分出一部分用户，在该试验进行期间，不会针对这些用户进行其他试验，这称为“独占域”。在进行试验时，只需要基于这些用户的 Hash 值分组即可。

与“独占域”对应的是“共享域”，即针对域中的用户会同时进行多组 AB 测试，此时在分组的时候就需要考虑分层。为了方便理解，这里将每一个试验作为单独的一层，根据试验开始的时间，将试验按照从上层到下层的顺序进行排列，下一层试验进行分组时，需要将上一层试验各个分组的用户打散，如图 5-17 所示。

可以看到，第二层分组开始时，充分考虑了第一层的各个分组，将第一层各个分组的用户随机选取 50% 进入第二层的分组中，这样保证了第二层用户的随机性。依此类推，各个层在分组时都需要将上一层分组的用户打散。

综上所述，分组情况总结如图 5-18 所示。

需要注意的是，在同一个共享域不可以同时进行过多的试验，即使基于正交的方法可以保证随机性，但通常最多也不要超过 7 个试验同时进行，同时也要思考是否有办法验证分组的随机性。

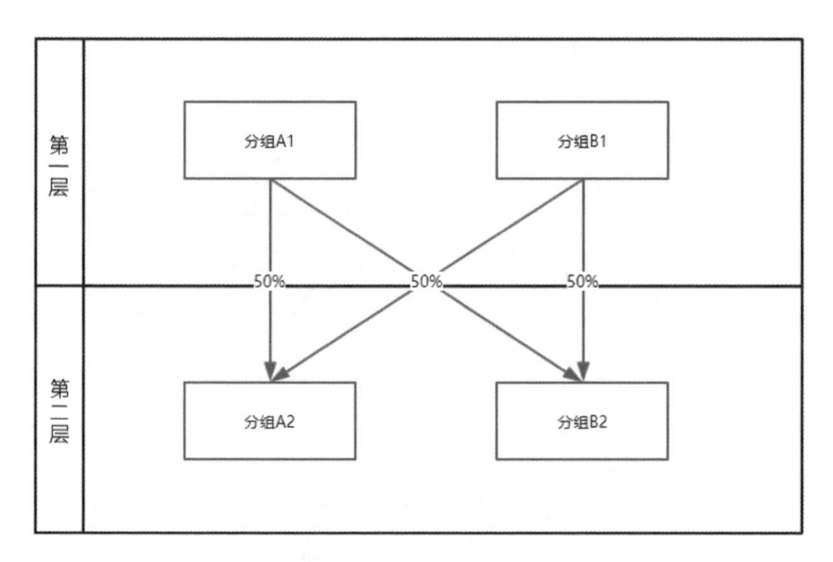

图 5-17

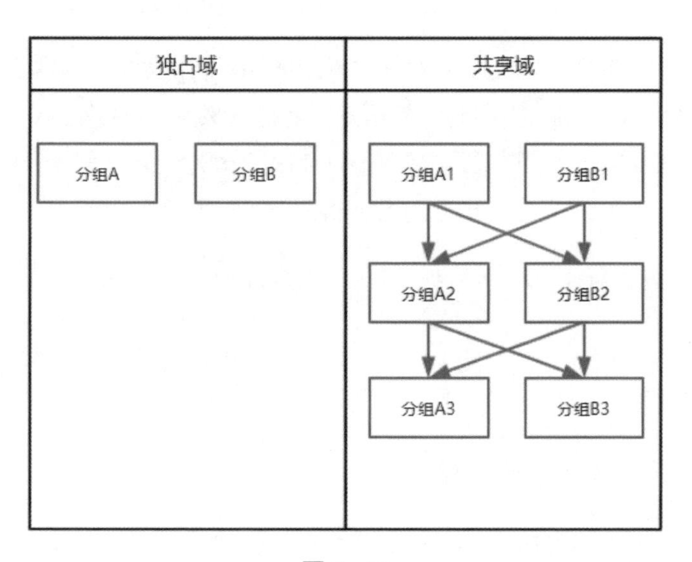

图 5-18

对用户进行合理的分组之后，接下来就正式进入 AB 测试的实施阶段了。

Q：如何充分证明 AB 测试分组的随机性？

在 AB 测试中，理论上，即使通过基于正交的方法可以保证用户分组的随机性，但是为了防止意外情况的发生，还需要引入“AA 测试”的概念，进一步保证分组的随机性。通常分组情况如图 5-19 所示。

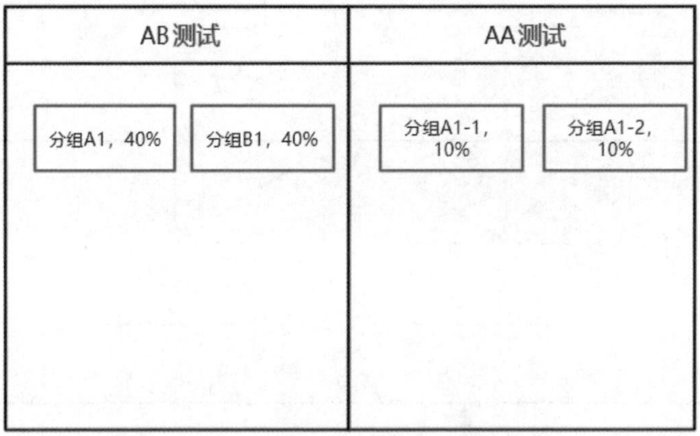

AB测试	AA测试
分组A1，40%　分组B1，40%	分组A1-1，10%　分组A1-2，10%

图 5-19

以上就是一个典型的试验分组策略。通常用 A 版本表示老版本，B 版本表示新版本，按照 6 ：4 的比例进行划分，同时从 A 版本中划分 20% 的用户进行 AA 测试。最终验证结果时，首先要保证 AA 测试通过，确保分组的合理性，然后看 AB 测试是否通过；如果 AA 测试没有通过，那么 AB 测试的结果就没有任何意义。

Q：简述 AB 测试背后的理论支撑。

这里需要考虑 AB 测试所运用的核心原理：根据中心极限定理，当数据量足够大时，可以认为样本均值近似服从正态分布。然后结合假设检验的内容，推翻或接受原假设。

关于中心极限定理的介绍，请参考 3.1.3 节。

最后要做的就是分析试验结果，这一部分要用到中心极限定理和假设检验。

Q：如何通过 AB 测试证明新版本用户的转化率高于老版本用户的转化率？

首先将新老版本用户是否下单的样本分别记为$x_1,\cdots,x_n$和$y_1,\cdots,y_n$，最终下单记为

1，否则记为 0。随着样本量的增加，$\bar{X}$、$\bar{Y}$分别趋近于$N(\mu_x,\sigma_x^2/n)$、$N(\mu_y,\sigma_y^2/n)$，其中的μ、σ 参数可以用无偏统计量$\bar{x}=\frac{\sum_{i=1}^{n}x_i}{n}$、$s^2=\frac{\sum_{i=1}^{n}(x_i-\bar{x})^2}{n-1}$代替，记为$\bar{X}\sim N(\bar{x},s_x^2/n)$、$\bar{Y}\sim N(\bar{y},s_y^2/n)$。由于在分组中已经保证了$\bar{X}$、$\bar{Y}$相互的独立性，因此$\bar{X}-\bar{Y}\sim N(\bar{x}-\bar{y},s_x^2/(n-1)+s_y^2/(n-1))$。

$\bar{X}$、$\bar{Y}$分别代表新老版本用户的转化率，现在要证明新版本用户的转化率高于老版本用户的转化率。原假设和备择假设如下。

H_0：新版本用户的转化率低于或等于老版本用户的转化率。

H_1：新版本用户的转化率高于老版本用户的转化率。

通过拒绝 H_0、接受 H_1，证明新版本用户的转化率高于老版本用户的转化率。如果样本的$\bar{x}<\bar{y}$，则可以直接表示新版本用户的转化率并没有高于老版本用户的转化率，AB 测试结束。

在$\bar{x}>\bar{y}$成立的前提下，需要考虑此前提到的两类错误，如图 5-20 所示，图中 x_0 对应的值为$Z_{1-\alpha}\times\sqrt{s_x^2/(n-1)+s_y^2/(n-1)}$。

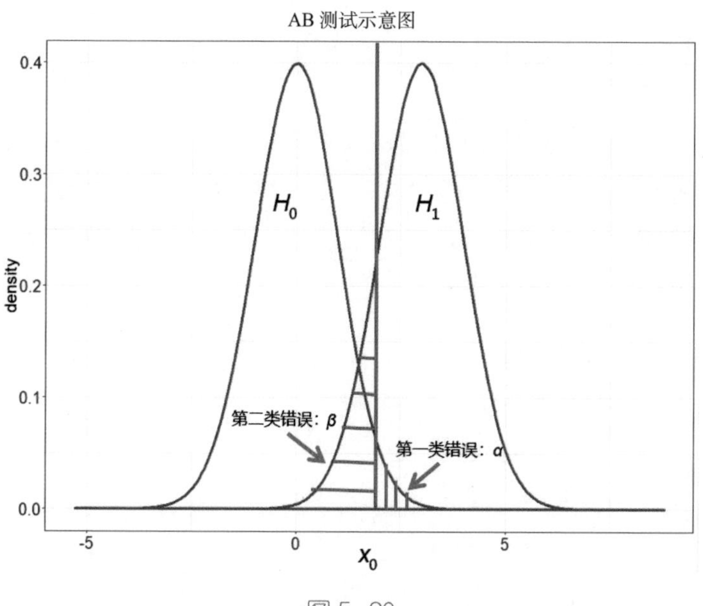

图 5-20

Q：当$\bar{x}>\bar{y}$时，在什么条件下可以推翻原假设？

在图 5–20 中，橙色的竖线部分表示犯第一类错误的上限，用 α 表示，通常设定为 5% 或者 1%。在原假设成立的前提下，$\bar{X}-\bar{Y}\sim N(0,s_x^2/(n-1)+s_y^2/(n-1))$。为了推翻原假设，需要使$\bar{x}-\bar{y}$的值落在图 5–20 中的竖线部分，此时$\bar{x}-\bar{y}>Z_{1-\alpha}\times\sqrt{s_x^2/(n-1)+s_y^2/(n-1)}$，其中 $Z_{1-\alpha}$ 表示标准正态分布的 $1-\alpha$ 分位数。

以上是为了规避第一类错误而需要满足的条件。但是为了规避第一类错误，很可能会犯第二类错误，没有在原假设不成立的情况下接受备择假设。增加样本量是规避第二类错误最有效的方法。

Q：为了规避第二类错误，样本量要达到什么程度？

可以看到，随着样本量 n 的增加，上述公式中$Z_{1-\alpha}\times\sqrt{s_x^2/(n-1)+s_y^2/(n-1)}$的值也随之变小，犯第二类错误的概率也随着减少。在图 5–20 中，橙色的横线部分表示犯第二类错误的概率，用 β 表示，$\text{power}=1-\beta$，power 即规避第二类错误的概率。通常在试验前会将 power 预设为 80%，并且计算出为了达到该 power 值所需的样本量，称为最小样本量。$\text{power}=\Phi(Z_\alpha+\dfrac{\Delta}{s_x^2/(n-1)+s_y^2/(n-1)})$，其中 $\Phi(x)$为标准正态分布的累积分布函数，Δ为 AB 测试前预估的差异值。通常使 power 值大于 80%，可以计算出所需要的最小样本量。

AB 测试的优点是：能够更加科学地解释项目效果，避免人为因素的干扰；缺点是：为了保证 AB 测试能够达到预期的效果，需要有一定的数据量作为保证，否则会因为达不到 AB 测试的最低数据量要求而造成失败。另外，如果多个 AB 测试同时进行，则可能会因为相互干扰而无法达到预期的效果。

AB 测试在互联网公司中被广泛运用，它涉及大量的统计学知识，在面试中通常是考查的重点，因此需要着重掌握。

本节内容总结如图 5–21 所示。

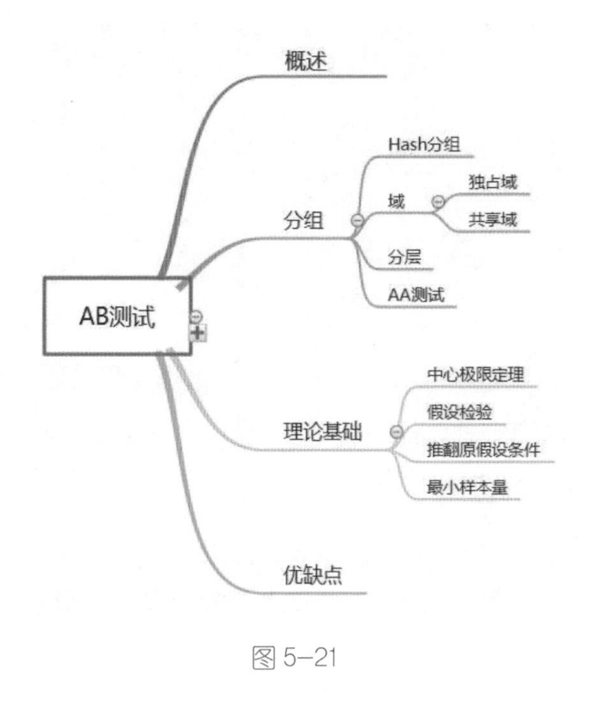

图 5-21

5.2.2　用户画像

用户画像是互联网公司大数据体系中非常重要的一个部分，通过用户画像，可以对用户进行全面分析——既可以利用用户画像“千人千面”地推荐相关产品，又可以基于用户画像分析产品目标用户，以及针对不同属性的用户采取不同的召回策略。

关于用户画像数据的计算、获取、存储有一套比较完善的系统，称为数据管理平台（DMP）。这部分内容只要了解即可，数据分析师关注更多的是用户画像数据的加工和应用。

在获取用户画像数据的过程中，与数据分析师工作密切相关的内容如图 5-22 所示。

Q：用户画像的数据源有哪些？

用户画像的数据源主要有两种，其中一种是用户基本属性数据，如性别、年龄、地域等；另一种是用户行为数据，如浏览、下单、观看等。

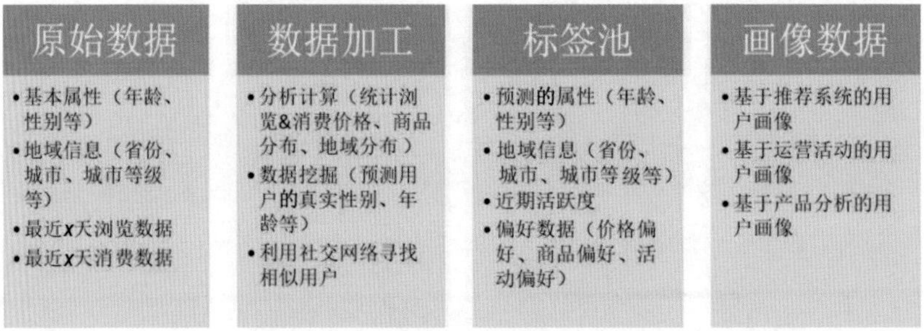

原始数据
- 基本属性（年龄、性别等）
- 地域信息（省份、城市、城市等级等）
- 最近x天浏览数据
- 最近x天消费数据

数据加工
- 分析计算（统计浏览&消费价格、商品分布、地域分布）
- 数据挖掘（预测用户的真实性别、年龄等）
- 利用社交网络寻找相似用户

标签池
- 预测的属性（年龄、性别等）
- 地域信息（省份、城市、城市等级等）
- 近期活跃度
- 偏好数据（价格偏好、商品偏好、活动偏好）

画像数据
- 基于推荐系统的用户画像
- 基于运营活动的用户画像
- 基于产品分析的用户画像

图 5-22

用户基本属性数据往往会存在缺失或者不准确，这部分数据大多来自用户注册时所填写的信息，并且不是强制性填写的，所以会存在一定的偏差。

用户行为数据则体现出用户近期的一些行为，对“近期”的定义要参照不同的产品属性，比如对于旅游类低频 App 来说，最近 30 天或者更久的数据都是需要关注的；而对于短视频这种产品，则通常需要关注 30 天甚至 7 天之内的数据。

Q：获取到用户画像数据后，如何加工呢？

一是通过分析计算，比如分析用户最近一段时间的消费金额、消费频次等，获得其活跃度以及相应的偏好，或者通过分析用户近期的登录地址或者订单地址等判断其所在地。

二是建立相应的数据挖掘模型，预测用户基本属性，如性别、年龄等，有效弥补基本属性数据的缺失以及偏差。比如在电商领域，可以根据用户近期浏览婴幼儿类产品的情况，再结合深度学习模型判断该用户（或其家人）所处的孕期，之后进行更加准确的商品推荐。

通过数据加工，可以获得一个完善的标签池，其中包含了大量的用户属性信息。比如对于用户小王，通过标签池，我们可以了解到小王的性别、年龄、居住城市以及该城市的等级（一线、二线、三线）等，同时也可以了解到小王近期的活跃度，并且会基于活跃度划分相应的等级，小王的一些偏好也能通过计算获得，如小王喜欢看的视频类型、关注的商品类型、对价格的敏感度、对不同类型活动的喜爱程度等。

很多人对用户画像的理解可能就限于此，认为用户画像只是丰富标签池的过程，所谓的基于用户画像分析也不过是将所有的标签数据进行对比，得到相关的结果，比如男性用户和女性用户的占比以及各自的转化率等。实际上，这只是对标签数据的应用，还不能算是用户画像层面的应用。只有根据需要将这些标签数据进行有效的整合，重复使用这些数据，才能算是用户画像层面的应用。

Q：如何利用标签池中的数据，根据用户画像进行相应的分析？

举例说明，假如现在有一个新产品需要推荐，目标用户是大城市的白领女性，这时就要通过标签池中的数据来刻画“大城市的白领女性”这一特征。首先预测性别，筛选出女性用户，居住在一线城市，然后排除对价格敏感度较高的用户，并且要求近期活跃度偏高。同时这部分用户通常对品质要求比较高，因此可以基于此选取出在商品偏好中品质占比较高的用户，这样就可以刻画出“大城市的白领女性”这一用户群体，并且将后续的活动消息优先发送给这部分用户。

用户画像在互联网公司中应用非常广泛，候选人需要对用户画像有深刻的理解。

本节内容总结如图 5–23 所示。

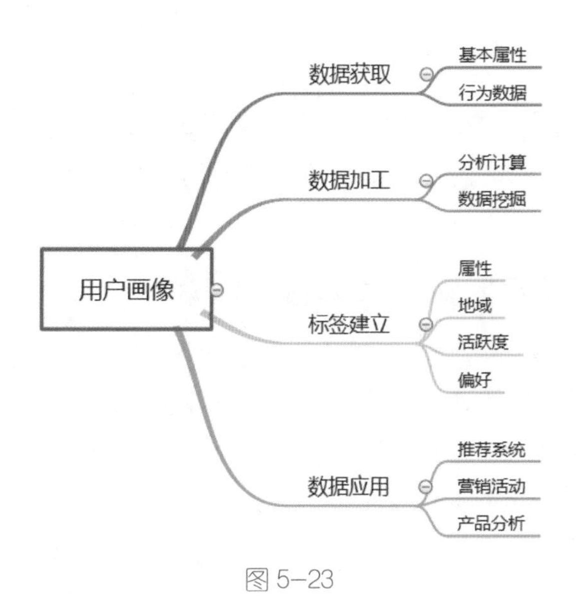

图 5–23

5.2.3 完整的数据挖掘项目流程

前面章节介绍了数据挖掘的一些基础知识，以及一些常见模型的优缺点、适用范围、评估方法等。这些内容更多的是理论层面的介绍，在实际工作中运用数据挖掘模型时要考虑的问题会更加全面。相比于课本上或者一些竞赛中的数据挖掘项目，在工作中运用的数据挖掘模型要求更加敏捷且可操作性强，也因此需要更加全面地评估模型并选取合适的模型。一个完整的数据挖掘项目流程分为如下 7 步。

1．分析问题，明确目标

这里以一个风险订单识别模型为例，实际上很多互联网公司都是中间商，需要连接用户与供应商，将用户的订单提供给供应商，由供应商履行订单。但是在这个过程中，很容易会因为各种原因使得订单无法顺利完成，这样的订单可以称为风险订单。

通过数据挖掘模型，可以提前预估订单风险的大小，采取有效措施规避风险，减少风险订单的数量。这样既可以减少经济损失，又可以提升用户体验。

2．模型可行性分析

并不是所有的问题都需要使用数据挖掘模型或者能够通过数据挖掘模型来解决。在建模之前需要进行可行性分析，没有进行可行性分析就盲目地套用模型，最终很可能会导致白白地费时费力。

Q：在建模之前，需要从哪些方面分析可行性？

上述风险订单识别问题最终可以被转化为二分类问题，将历史上的风险订单标记为 1，将非风险订单标记为 0，通过模型对所有订单的风险性进行打分，打分区间为 0 ～ 1。通过模型训练得到阈值，对超过阈值的订单进行人工／自动干预，这样就将业务问题转化为了使用模型可以解决的问题。

当然，虽然可以用模型来解决问题，但是也要考虑两个重要因素，即 KPI 和历史数据量。

- KPI（关键绩效指标）：在建模前需要明确业务方为项目制定的 KPI，并且计算为了实现 KPI 模型要达到的准确率、召回率等。如果通过计算得知模型所要达到的效果是难以实现的，那么显然需要调整 KPI 或者进行其他操作。

- 历史数据量：这是一个重要的判断模型是否可行的因素，再强大的模型，也需要通过训练足够的历史数据，从中进行学习，最终才能输出相应的结果。当历史数据量非常少时，需要考虑补充数据或者选取对数据量要求较低且复杂度较低的模型。判断模型可行性的流程如图 5-24 所示。

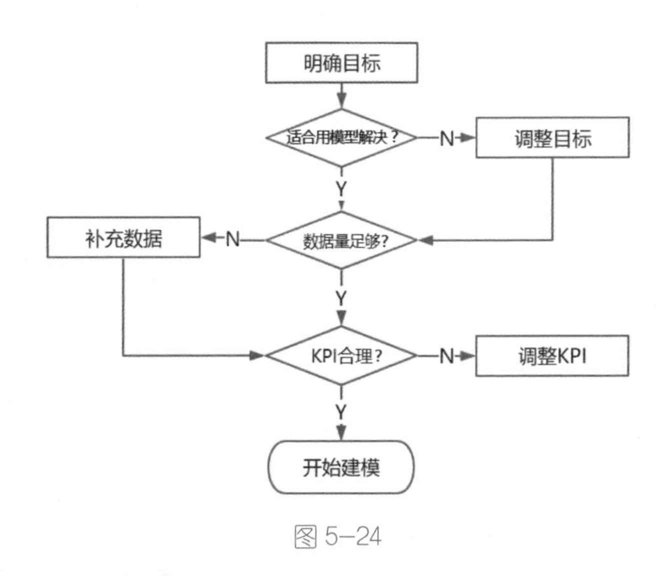

图 5-24

3. 选取模型

前面对一些常见的模型已经做了介绍，请参见 3.2.2 节。

4. 选择变量

在确定了模型之后，下一步要做的就是提取并选择变量。准备变量的过程也是非常重要的，通过讨论变量可以使大家对业务有更深的理解，常见的步骤包括：通过 PRD 文档、业务方需求文档，建立变量池；组织变量讨论会，拓宽对业务的认知，丰富变量池；借助 SQL 语句从数据库中提取变量，一小部分数据由业务方直接通过表格提供。

Q：常见的变量分类方法有哪些？

- *T*+1 变量：前一天或更早的数据，主要是历史数据，对时效性要求不高。例如：

用户、供应商标签画像数据，包括用户信用等级、供应商合作等级、规模大小等；用户、供应商历史风险订单及其他相关数据，如供应商被投诉情况等。

- 实时变量：短时间内获取的最新数据。通常延迟在 5 分钟之内，对实时性有较高要求。比如用户当天的行为数据，如 App 的打开、操作数据，在条件允许时可以使用 GPS 数据。还有供应商实时库存紧张程度，通常用 0 ～ 1 之间的值来刻画。

可以参考此前指标体系的拓展方法，对变量也进行相应的拓展，如以时间、用户等维度进行拓展，如图 5–25 所示。

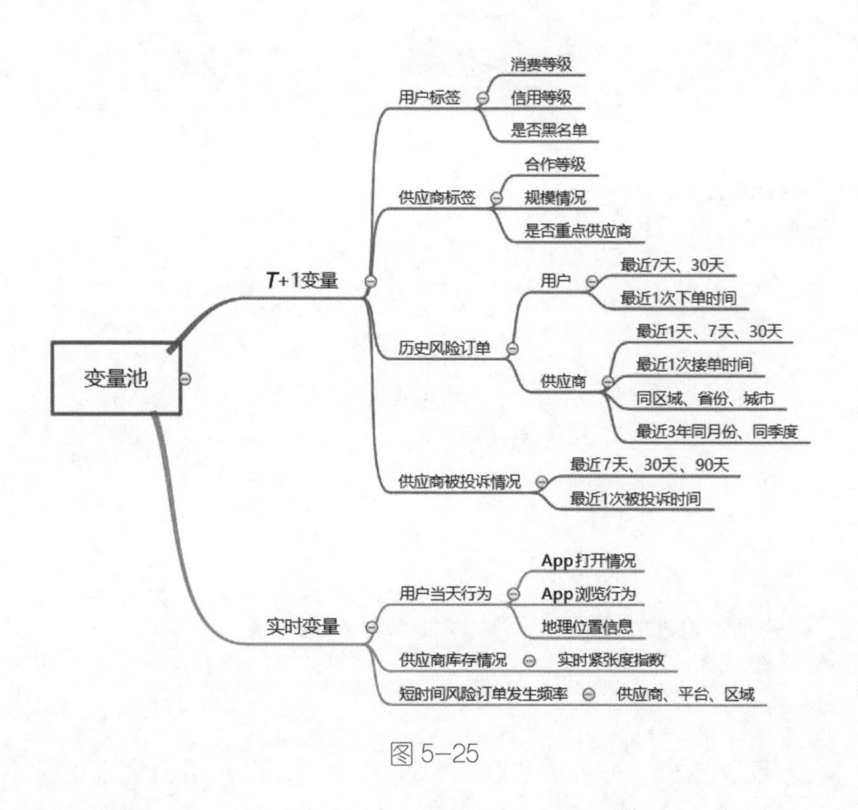

图 5–25

5. 特征工程

在选择好变量之后，对这些变量进行处理，称为特征工程。

Q：在数据挖掘项目中特征工程包括哪些方面？

（1）验证逻辑：这是特征工程中必要的步骤，特别是在添加某一变量使模型效果得到了极大提升之后。常见的逻辑错误如下：

- 因果关系倒置，将结果作为变量放入模型中，例如，通过用户评论情况判断订单是否被履行，实际上是后置数据，只有订单被履行的用户才会发表评论，相当于用结果证明过程。
- 忽略模型上线后变量计算的时效性。
- 在取数过程中出现错误。

（2）缺失值处理：对于一些模型（如 XGBoost 模型），在符合逻辑、确保缺失值具有一定意义的前提下，可以不做处理，其他情况都需要进行处理。在风险订单模型中，通常服务统计指标缺失的供应商为低频供应商，保留其空值，在一定程度上反而是最好的处理方法。

常见的缺失值处理方法如下：

- 用特定值表示（如 −9999）。
- 统计插值（均值、中值、众数），适用于数值型变量。
- 模型插值：SKNN，参考最临近的 k 个值进行填补；EM 聚类，选择不存在缺失值的变量进行聚类，根据所在类的其他值进行填补。

（3）异常值处理：判断业务逻辑在取数计算过程中是否出现错误，Hive 取数时的 join 操作可能会因为一对多的对应关系而出现重复数据，需要随时验证数据的唯一性。

统计方法：3σ、盒形图、分位数。

模型方法：iForest（孤立森林），每次随机划分属性和划分点（值）时都是随机的，计算样本所处节点的深度，深度越小越可能为异常值。

常见的异常值处理方法如下：

- 删除异常数据所在的记录。
- 将异常值记为缺失值，用填补缺失值的方法进行处理。

6. 建立模型 & 效果评估

建立模型和效果评估这部分内容在前面的 Python、R 的章节中都有所介绍，这里不再赘述。

7. 模型上线 & 迭代

模型线下训练好之后，接下来需要做的就是正式上线。

Q：在模型上线前以及上线后，都需要做哪些工作？

在模型正式上线前，通常需要将模型封装成特定的模型文件交由开发部门，开发部门定时调用模型文件。当然，有些模型如线性回归模型上线时，就无须交付模型文件，只需提供变量对应的参数即可。目前比较常用的方法是将机器学习 / 数据挖掘模型打包成 PMML 文件。

PMML（Predictive Model Markup Language）是一种通用的基于 XML 的预测模型标记语言，由 DMG 组织发布，使用它能够做到：

- 任何语言都可以调用模型。
- 不存在调用的通信消耗。
- 直接部署上线，无须二次开发。
- 支持数据转换，比如标准化与 one-hot 编码等。

在模型上线前需要提前制定好监控策略，保证模型效果在可控范围内。

实际上，模型上线只是整个环节中的一环，并不代表项目结束，还要针对模型上线后的表现进行迭代及修正。随着模型的上线，此前很多有着非常重要作用的变量其重要性逐渐减弱，比如具备某一类属性的供应商因为模型的上线而被重点监控，该属性之后所起到的重要作用会有较大的减弱。

我们需要时刻保持对模型的迭代，并在相应的代码管理平台及时更新代码，做好模型版本编号，以此形成一个完整的闭环，如图 5-26 所示。

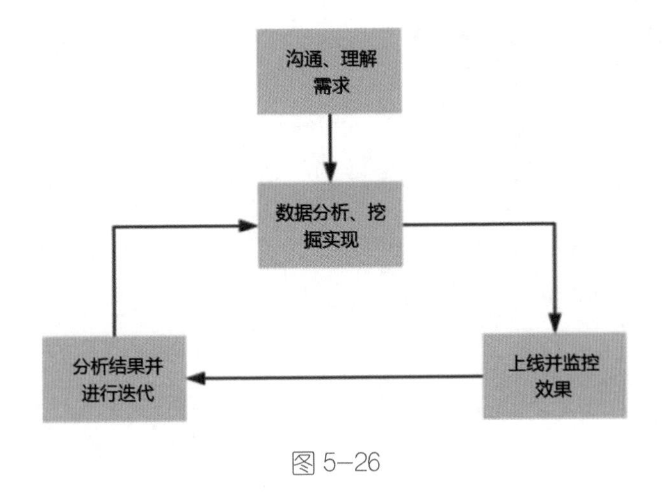

图 5–26

本节内容总结如图 5–27 所示。

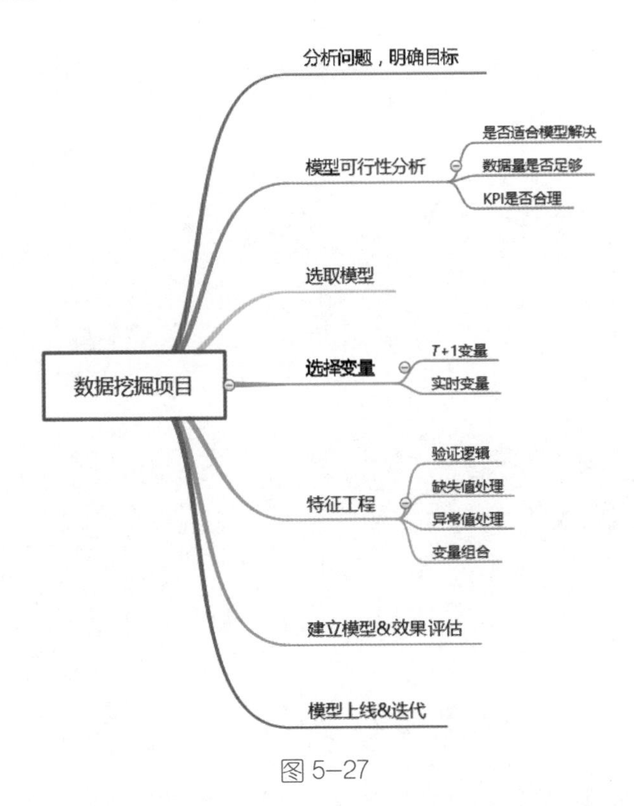

图 5–27

第 6 章 用努力给自己加分

6.1 学习方法很重要

很多候选人的专业或者工作经历并不与数据分析相关，需要一个转行的过程，即使是相关专业或者有过相关工作经历，也需要不断地提高自己，才能保持强大的竞争力，所以需要一种有效的学习方法。

针对如何学习才是行之有效的提高方法，不同的人会给出不同的答案。本章会提供一个思路，就是“输出是最好的输入”。下面稍加解释。

很多人会谈到自己想要转行做数据分析，或者毕业后想要获得一份与数据分析相关的工作。这个时候你就需要思考一个问题：“想要做数据分析，然后做什么呢？”可能很多人都会回答说看一些书或者掌握一些技能，但是这只停留在口头层面。你需要做的是一些更加实际的事情，证明自己已经做好了准备。

想要证明自己为此做了充分的准备，并且具备了一定的能力的方法，就是给出一些“输出”，特别是对于工作经历并不是很丰富的候选人，这些“输出”显然就是最有力的证明，比单纯的口头描述要好得多。

随着各种知识类以及讯息类平台的普及，大家有了越来越多的知识输出途径，比如知乎专栏、公众号、简书、掘金、CSDN 播客等平台都可以作为知识输出的途径。也有些人已经开始涉足知识类短视频平台，将一些知识通过短视频的形式进行展示。通过这样的输出，既可以梳理自己此前学过的知识，也可以让更多的人关注到自己。如果一些文章或者短视频吸引了用人单位的注意，你也会额外获得面试的机会，实现“弯道超车”。

有些人会说自己写不好文章，或者不知道从哪里开始写，这体现出两个问题，一是知识的积累不足，二是没有形成自己的写作风格。这里给出的建议是不断地丰富自己的知识储备，在开始时可以写一些学习笔记，之后可以模仿“大 V”的文章尝试写一些相似的内容。这里不是说照搬“大 V”的文章，而是借鉴“大 V”的写作思路。通过不断的学习积累，最终形成自己独立的写作风格。

通过输出的过程，能够不断地输入新知识，同时也能将自己所掌握的内容进一步夯实，为自己增加一些被关注的机会。除了输出文章或者短视频类的内容，还有一种有效方法是参加各类竞赛，如 Kaggle、阿里天池等，拥有这类竞赛的经历比在学校或者某课程中的项目经历要有说服力，即使没有获得名次或者奖项，也能够使自己的简历变得丰富。但前提是自己确实真正参加了竞赛，并且在竞赛中做到学以致用，同时吸收到了新知识。

6.2 拓展自己的知识面

数据分析师除了要掌握理论知识和编程技术，适当地拓展自己的知识面，对不同领域的知识保持高度的敏感性，也会在面试中给自己加分。

有些人会问，“数据分析师需要掌握爬虫、社交网络吗？”确实，这些都不是数据分析师需要掌握的常规技能，但是了解多元化知识，能够在未来的工作中丰富自己的分析方法和手段，也能在面试中作为自己的加分项。

本节就将介绍爬虫和社交网络知识。站在数据分析师的角度来了解这些知识，主要讲这两种技术的具体应用，目的在于拓展大家的知识面。

6.2.1 爬虫

爬虫也是现在非常火的一个话题，通过爬虫可以获取一些公开的数据，丰富数据源，作为数据分析过程中的有效补充。但是在爬取数据的过程中需要注意相应的法律法规，不要做违法违规的事情，特别是不要违法收集个人敏感信息，相应的爬虫法也会制定发布，需要对此保持高度的关注。

在符合相应规定的前提下，利用爬虫技术来获取数据，可以提高数据分析的效果。关于爬虫，网上有很多种定义，其中一种比较通俗的阐述是：如果把互联网比作一张大的蜘蛛网，那么一台计算机上的数据便是蜘蛛网上的一个猎物，而爬虫程序就是一只小蜘蛛，它沿着蜘蛛网抓取自己想要的猎物。在符合相关规定的前提下，向网站发起请求，获取资源后进行分析并提取有用数据的程序，就称为爬虫。

爬虫可以简单地分为静态爬虫和动态爬虫两种。静态爬虫的爬取过程相对简单一些。查看网页的源代码，可以发现网页中的很多数据都显示在源代码中，获取这部分数据的过程就称为静态爬虫。

以同花顺的股票打分数据为例，在同花顺的网站上可以看到一只股票每天会有 5 个维度的打分，这些打分数据可以作为选股的参考，如图 6-1 所示。

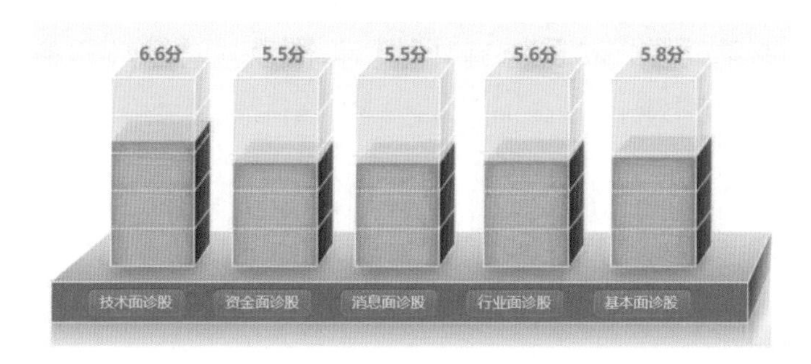

图 6-1

在网页的源代码中可以看到这些数据，因此可以采用静态爬虫的方法来获取这些数据，如图 6-2 所示。

```
<div id="chart1" class="barchart_3d" style="width:590px; height:275px;">
    <div class="bottom_axis">
        <a href="#nav_technical" class="axis_label" hidefocus>技术面诊股</a>
        <a href="#nav_funds" class="axis_label" hidefocus>资金面诊股</a>
        <a href="#nav_message" class="axis_label" hidefocus>消息面诊股</a>
        <a href="#nav_trade" class="axis_label" hidefocus>行业面诊股</a>
        <a href="#nav_basic" class="axis_label" hidefocus>基本面诊股</a>
    </div>
    <div class="chart_base">
        <div class="column_3d">
            <div class="grid"></div>
            <div class="fill" style="height:117.66px"></div>
            <div class="label">6.6分</div>
        </div>
        <div class="column_3d" style="left:130px;">
            <div class="grid"></div>
            <div class="fill" style="height:101.05px">
            </div>
            <div class="label">5.5分</div>
        </div>
        <div class="column_3d" style="left:230px;">
            <div class="grid"></div>
            <div class="fill" style="height:101.05px"></div>
            <div class="label">5.5分</div>
        </div>
        <div class="column_3d" style="left:336px;">
            <div class="grid"></div>
            <div class="fill" style="height:102.56px"></div>
            <div class="label">5.6分</div>
        </div>
        <div class="column_3d" style="left:440px;">
            <div class="grid"></div>
            <div class="fill" style="height:105.58px"></div>
            <div class="label">5.8分</div>
        </div>
    </div>
</div>
```

图 6-2

从图 6–2 中可以看出，源代码中的数据具有一定的规律性，通过研究规律，可以在爬取源代码之后进行相关数据的提取，最终获得所需要的数据。这里以 R 语言为例，使用 R 语言中的 RCurl 和 XML 包，它们是 R 语言中用来实现静态爬虫的重要包。RCurl 负责爬取网页，使用 getURL(url) 函数，其中 url 为目标网页地址。如果需要批量爬取网页，则可以通过研究 url 的组成，实现循环爬取。XML 包负责从爬取下来的网页中提取所需要的数据。

首先需要加载相关的包，代码如下：

```
## 字符串处理、汇总数据
library(plyr)
library(stringr)
library(sqldf)
## 与爬虫相关的包
library(RCurl)
library(XML)
```

具体的爬取代码如下：

```
## 读取数据
point <- fread('index_pools_whole.txt',sep='\t',
              stringsAsFactors=FALSE,header=TRUE)[1:10,]
point $ technical <- 0
point $ funds <- 0
point $ message <- 0
point $ trade <- 0
point $ basic <- 0
## 循环得到个股数据
for(i in 1:10){
     url <- paste('http://doctor.10jqka.com.cn/',substr(point$rcode[i],1,6),
'/',sep='')
     temp <- getURL(url,.encoding='utf-8')
     doc <-htmlParse(temp)
     points <- getNodeSet(doc,'//div[@class="chart_base"]/
                         div[@class="column_3d"]/div[@class="label"]')
     points <- sapply(points,xmlValue)
     point$technical[i] <- as.numeric(substr(points[1],1,3))
     point$funds[i] <- as.numeric(substr(points[2],1,3))
     point$message[i] <- as.numeric(substr(points[3],1,3))
     point$trade[i] <- as.numeric(substr(points[4],1,3))
     point$basic[i] <- as.numeric(substr(points[5],1,3))
     point(i)
}
```

在上面的代码中，paste 函数用于连接 URL 地址中的固定部分和后面个股的代码，从而实现循环爬取。XML 包中的 htmlParse、getNodeSet、sapply 三个函数用于解析并提取数据。stringr 包中的 substr 是用来截取字符串的函数，该包中还提供了很多其他字符串处理函数。

利用 ggplot2 包对爬取的数据进行简单的可视化展示，代码如下：

```
## 绘制盒形图
point_all <- read.csv('point_180409.csv',
              stringsAsFactors=FALSE,header=TRUE)
area_total <- ddply(point_all,.(area),summarise,num=length(name))
point_total <- sqldf('select a.*
                    from point_all a
                    inner join area_total b on a.area=b.area
                    where b.num>=100')
ggplot(data=point_total,aes(x=area,y=total_num))+geom_boxplot()+
 theme_economist()+ggtitle("主要行业得分分布图")+
 theme(axis.text.x = element_text(size=15),
      plot.title = element_text(hjust=0.5,size=25))
```

可视化效果如图 6–3 所示。

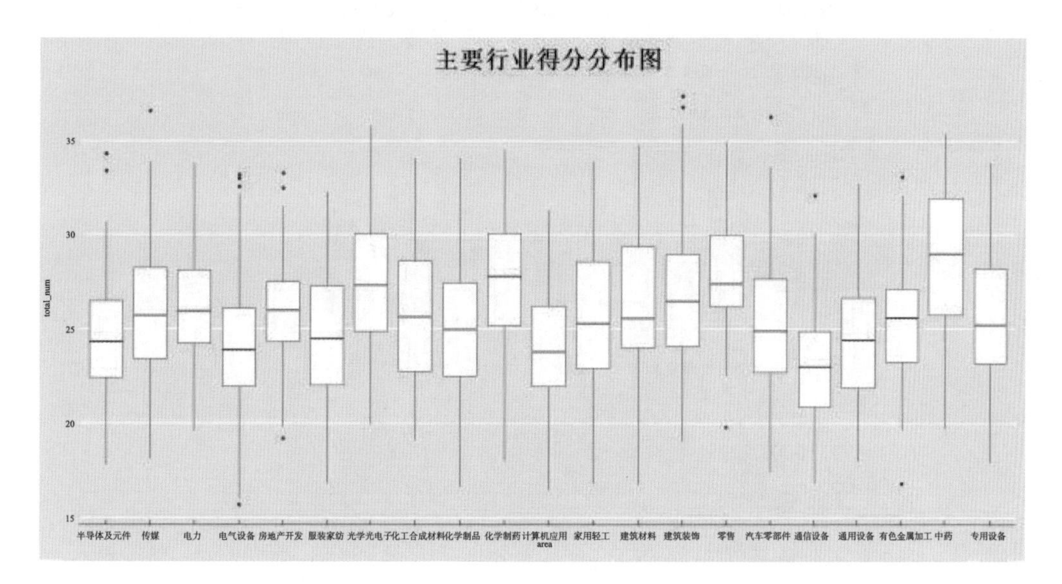

图 6–3

接下来介绍动态爬虫。目前很多网站都采用 AJAX 异步加载的网页结构，无法通过网页源代码来获取数据，此时就需要使用动态爬虫。在 Python 和 R 语言中，可以使用 Selenium 包模拟浏览器爬取异步加载的网页数据。

以 Chrome 浏览器为例，在使用 Selenium 包前需要下载相关的浏览器驱动，并且需要下载 JRE 和 Selenium 的 JAR 文件。与 R 语言相比，Python 在通过动态爬虫爬取数据时无须保持 Selenium.jar 文件处于启动状态，更加方便。在爬取下来网页的源代码之后，使用 BeautifulSoup 包进行解析，得到所需要的数据。

还可以使用动态爬虫模拟网页上的一些操作，如翻页或者点击"加载更多"等，很多信息只有在点击"加载更多"后才会在页面中展现。以豆瓣中的剧集信息为例，如图 6-4 所示。

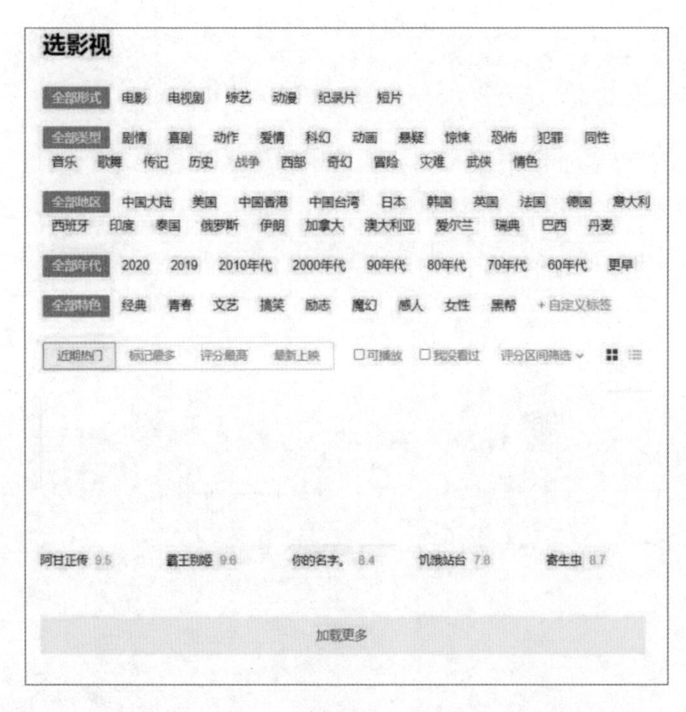

图 6-4

剧集信息需要通过不断地点击页面下方的"加载更多"才能完全展现，相关代码如下：

```
## 爬取剧集列表，并输出为 Excel 表格
driver = webdriver.Chrome()
driver.maximize_window()
driver.close()
driver.switch_to_window(driver.window_handles[0])
url = 'https://movie.douban.com/tag/#/?sort=U&range=2,10&tags=%E7%94%B5%E8
%A7%86%E5%89%A7,%E4%B8%AD%E5%9B%BD%E5%A4%A7%E9%99%86'
js='window.open("'+url+'")'
driver.execute_script(js)
driver.close()
driver.switch_to_window(driver.window_handles[0])
while True:
  try:
    js="var q=document.documentElement.scrollTop=10000000"
    driver.execute_script(js)
    driver.find_element_by_class_name('more').click()
    time.sleep(2)
  except:
    break

name = [k.text for k in driver.find_elements_by_class_name('title')]
score = [k.text for k in driver.find_elements_by_class_name('rate')]
url = [k.get_attribute('href') for k in driver.find_elements_by_class_
name('item')]
pd.DataFrame({'name':name,'score':score,'url':url}).to_excel('电视剧名称 .xlsx')
```

在上面的代码中，使用 Selenium 来爬取数据，不断点击页面下方的“加载更多”，并通过“try...except”避免报错，之后通过 find_elements_by_class_name() 函数获取相应的信息。

接下来进行可视化展示，代码如下：

```
## 剧集排名可视化
drama_all = pd.read_excel('电视剧统计 .xlsx')
drama_main = drama_all[drama_all['count']>=1000]
top_15_drama = drama_main.sort_values('score',ascending=False)[0:15]

attr = top_15_drama['name']
v1=top_15_drama['year']
v2=top_15_drama['score']
line = Line("TOP15 电视剧评分 / 拍摄年份")
line.add("评分", attr, v2, is_stack=True,xaxis_rotate=30,
        xaxis_interval=0,line_color='purple',
        line_width=4,is_splitline_show=False,yaxis_min=8,is_label_
show=True)
```

```
bar = Bar("TOP15 电视剧评分 / 拍摄年份")
bar.add("拍摄年份", attr, v1, is_stack=False,xaxis_rotate=30,is_yaxis_
show=False,
        xaxis_interval =0,is_splitline_show=False,yaxis_min=1975,yaxis_
max=2050,
        is_label_show=True,bar_col='green')
overlap = Overlap()

overlap.add(line)
overlap.add(bar, yaxis_index=1, is_add_yaxis=True)
overlap.render('TOP15 电视剧评分 _ 拍摄年份 .html')
```

可视化效果如图 6–5 所示。

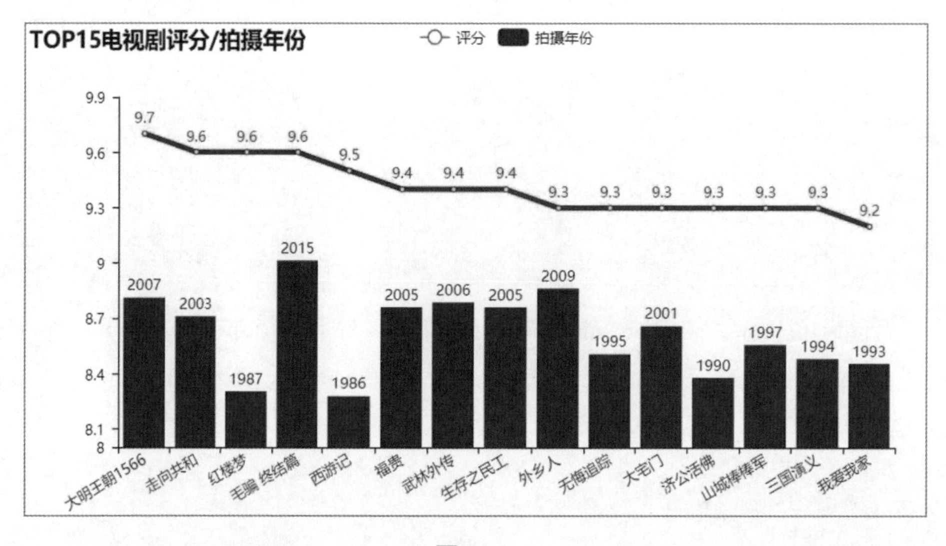

图 6–5

上面简单介绍了关于爬虫的一些内容。在大多数情况下，数据分析师不需要自己运用爬虫来爬取数据，但是掌握爬虫知识，可以在实际工作中与开发工程师或者专门的爬虫工程师有更好的交流，也可以在面试中展示自己丰富的知识面，提高相应的竞争力。

6.2.2 社交网络

除了爬虫，数据分析师也要了解一下社交网络知识。社交网络在互联网公司中有着比较多的应用，特别是一些互联网金融公司，通过社交网络可以有效规避风险，提前进行干预。

我们可以将社交网络理解为一个群体，该群体中成员之间相互关联，形成如图 6-6 所示的网络。

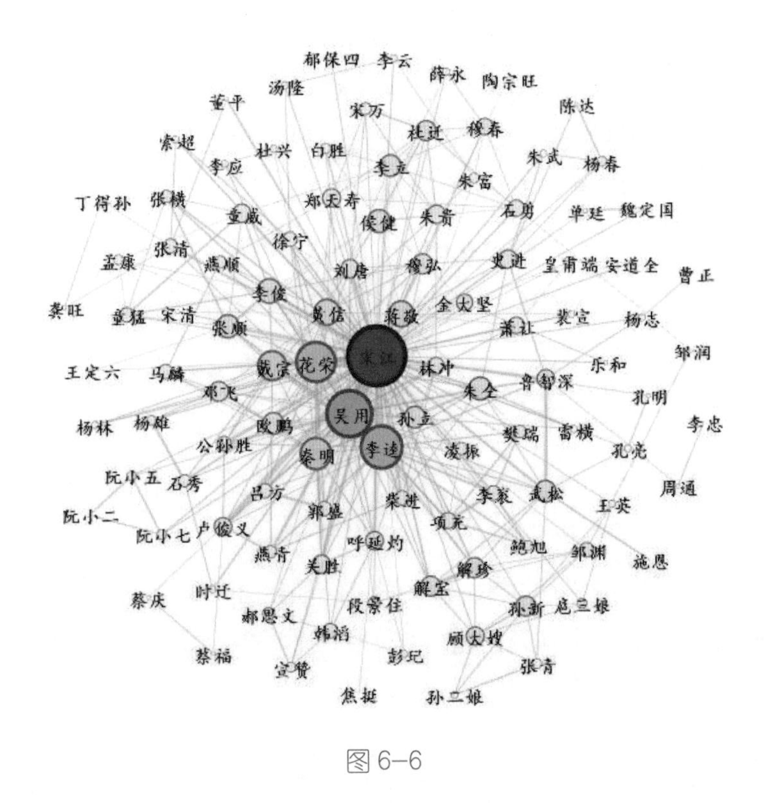

图 6-6

这是此前作者通过对《水浒传》进行文本分析绘制的“108 将”的社交网络图。通过社交网络图，使得《对水浒》中复杂的人物关系变得清晰。

对于社交网络，需要掌握以下概念。

社区发现算法：用来发现网络中的社区结构。通过社区发现算法，我们可以了解到大的社交网络（群体）中的一些小网络（小群体），并进行相关分析。同时可以判断出各个小群体中的核心成员，以及在不同群体之间起到连接作用的成员。通过社区发现算法，我们可以将网络中的成员划分成不同的社区，如图 6-7 所示。

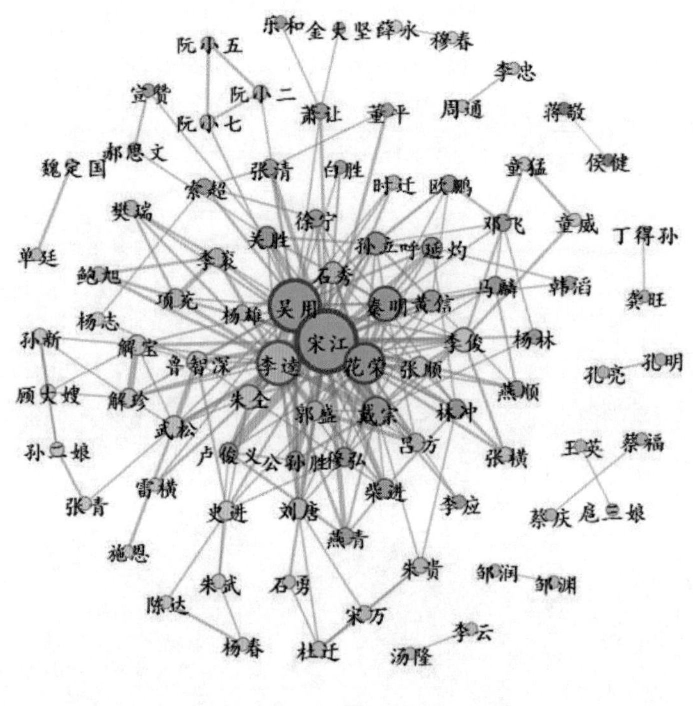

图 6-7

相比于图 6-6，在图 6-7 中将人物划分成不同的社区，并用不同的颜色进行标识。可以将社区发现算法推广至风控领域，当发现某个用户存在盗刷等违规行为时，可以对与其处于同一个社区的用户进行重点监控，有效规避风险。

下面简单介绍这部分数据的处理过程。首先对文本进行相关处理，代码如下：

```
os.chdir('D:/ 爬虫 / 水浒传')
## 读取文件
with open("水浒传全文 .txt", encoding='gb18030') as file:
    shuihu = file.read()
## 处理原始文件
shuihu = shuihu.replace('\n','')
shuihu_set = shuihu.split(' ')
shuihu_set=[k for k in shuihu_set if k!='']
```

然后通过统计两位好汉在同一段落中同时出现的次数，以此作为他们之间亲密度的判断依据。代码如下：

```
## 统计两位好汉同时出场的段落
net_df = pd.DataFrame(columns=['排名高的姓名','排名低的姓名','权重'])
for i in range(0,107):
    for j in range(i+1,108):
        this_weight = len([k for k in shuihu_set if haohan['使用名'][i]
in k and haohan['使用名'][j] in k])
        net_df=net_df.append({'排名高的姓名':haohan['姓名'][i],'排名低的姓名':
haohan['姓名'][j],'权重':this_weight},ignore_index=True)
        print(str(i)+':'+str(j))
haohan.to_excel('好汉出场次数 .xlsx')
net_df.to_excel('好汉之间交集 .xlsx')
```

接下来通过 Gephi 进行可视化展示。Gephi 是一款开源的、免费的、跨平台的、基于 JVM 的网络分析软件，其主要用于分析各种网络和复杂的系统。我们可以通过 Gephi 绘制社交网络图，发现不同的社区。使用 Gephi 无须编写代码，并且它提供了丰富的图表类型。

打开 Gephi，欢迎界面如图 6–8 所示。

图 6–8

首先选择“新建工程”，然后导入数据，如图 6–9 所示。

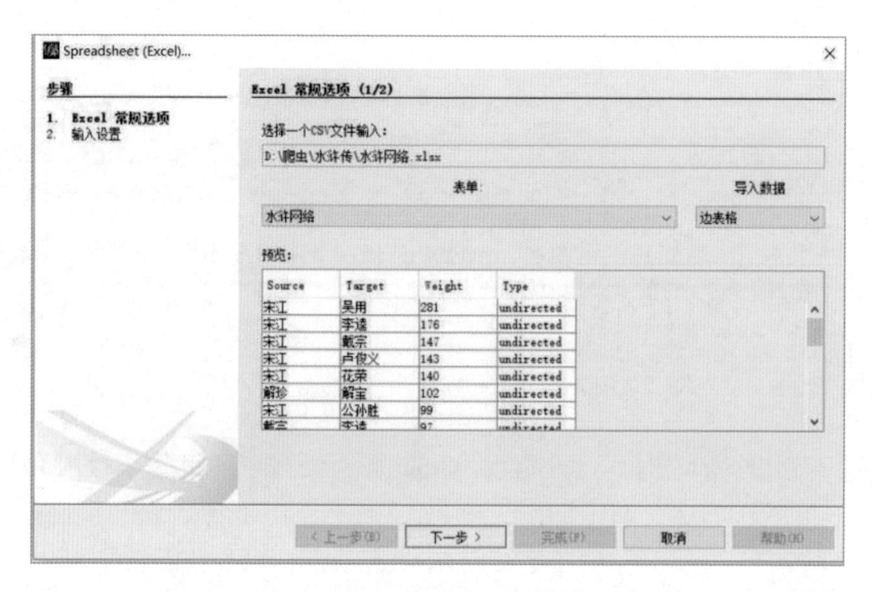

图 6-9

这里选择以边的形式导入数据，固定列名，其中前两列是节点的名称，第三列是权重，最后一列是类型，且是无向的，如表 6-1 所示。

表 6-1

Source	Target	Weight	Type
宋江	吴用	281	undirected
解珍	解宝	102	undirected
鲁智深	武松	82	undirected
……	……	……	……

导入后的数据效果如图 6-10 所示。

数据表格

源	目标	类型	Id	Label	Interval	Weight
宋江	吴用	无向的	23344			281.0
宋江	李逵	无向的	23345			176.0
宋江	戴宗	无向的	23346			147.0
宋江	卢俊义	无向的	23347			143.0
宋江	花荣	无向的	23348			140.0
解珍	解宝	无向的	23349			102.0
宋江	公孙胜	无向的	23350			99.0
戴宗	李逵	无向的	23351			97.0
宋江	秦明	无向的	23352			91.0
宋江	李俊	无向的	23353			88.0
鲁智深	武松	无向的	23354			82.0
宋江	燕青	无向的	23355			81.0

图 6-10

接下来选择布局类型，大家可以根据自己的需要来选择。这里需要一个中心环绕式的布局，因此选择“Fruchterman Reingold”，效果如图 6-11 所示。

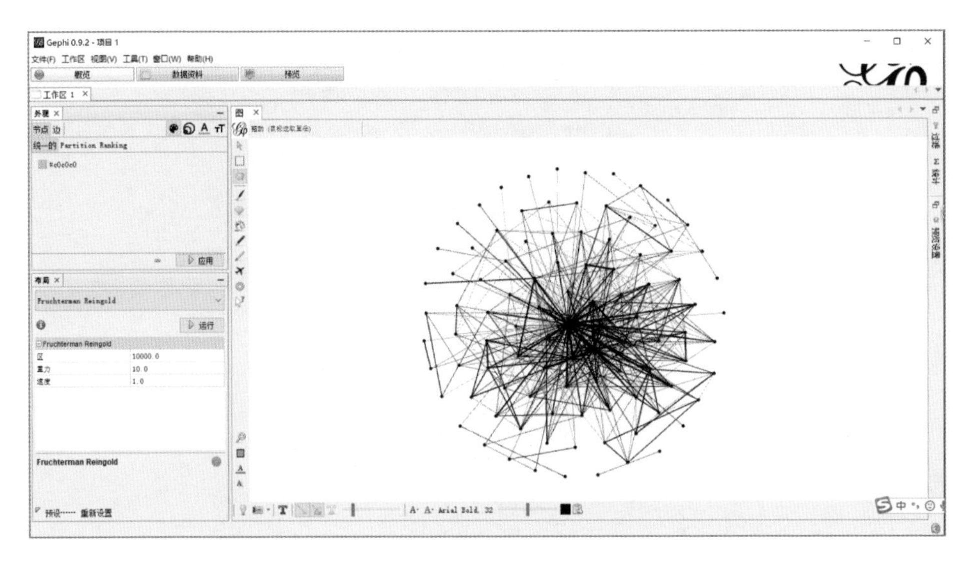

图 6-11

至此，社交网络的框架基本上就完成了。下一步要做的是美化，大家可以参照选项内容进行设置。美化效果如图 6-12 所示。

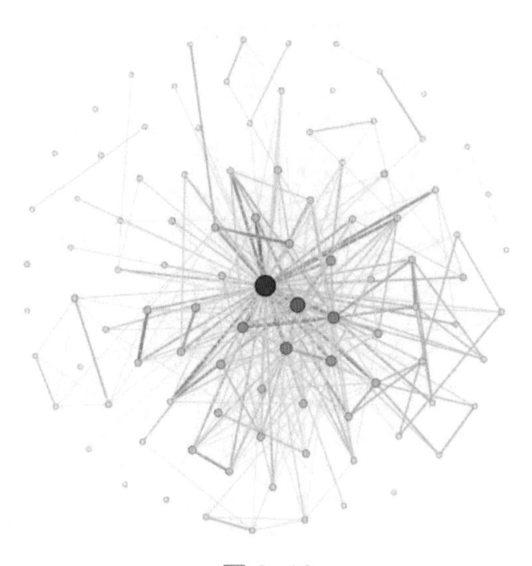

图 6-12

还要加上标签，否则是没有意义的，效果如图 6-13 所示。

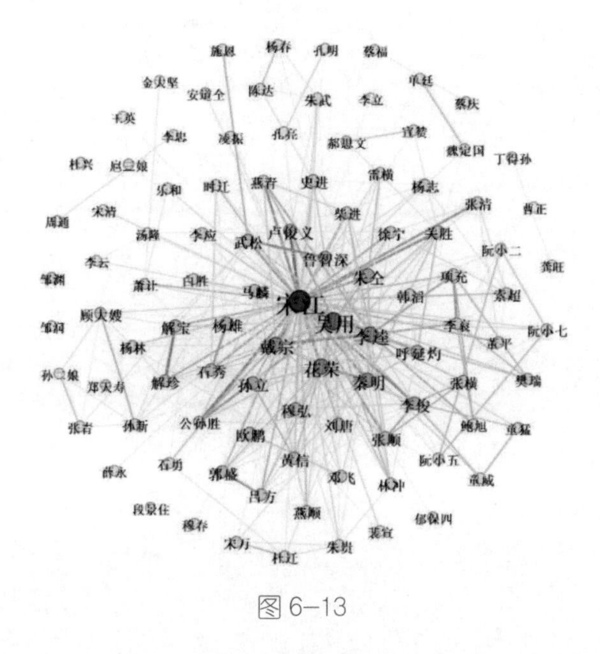

图 6-13

接下来可以在 Gephi 中进行社区发现，根据颜色划分成不同的社区，效果如图 6-14 所示。

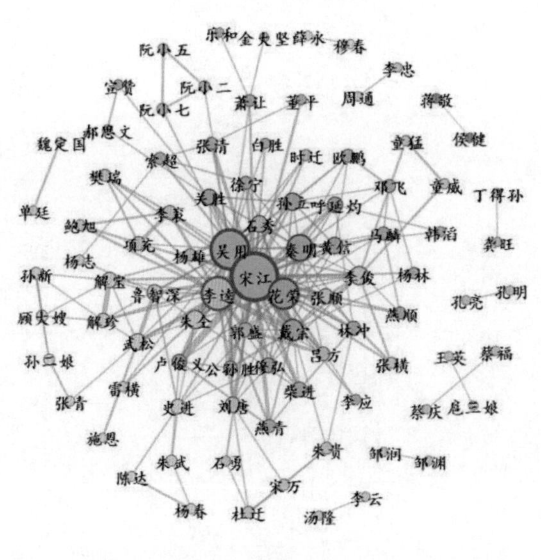

图 6-14

同时也可以筛选出不同的群组，如图 6–15、图 6–16、图 6–17 所示。

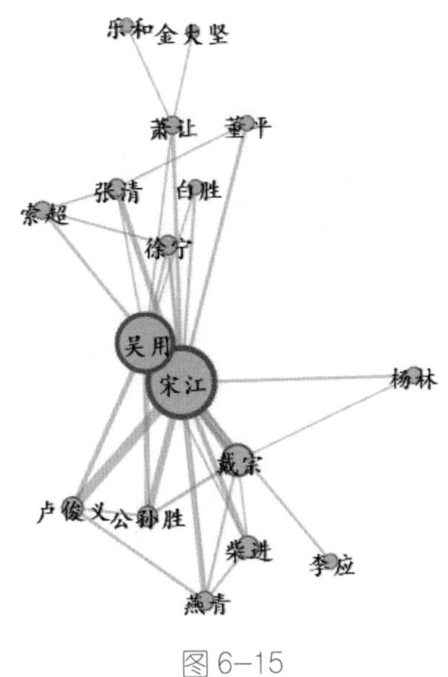

图 6–15

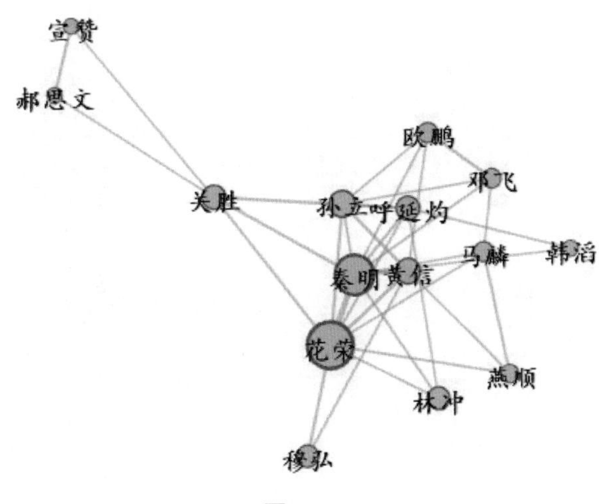

图 6–16

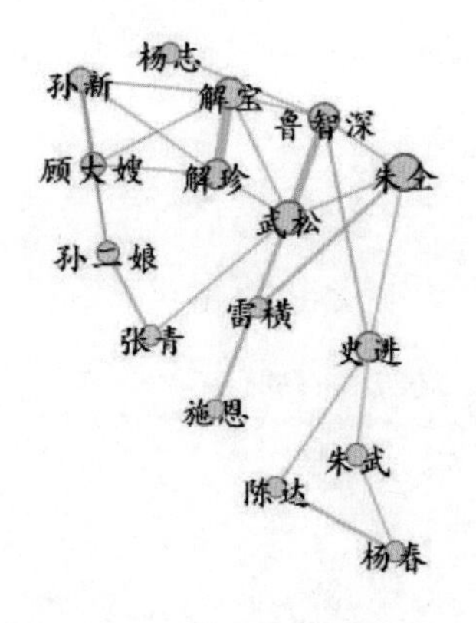

图 6-17

关于配色及标签的形式，可以根据自己的需要进行设置。

以上就是关于社交网络的一些内容，多多了解社交网络知识，对面试以及工作都会有所帮助。